教師のための

大学の基礎数学

金丸　忠義　著

開成出版

まえがき

本書は教師ないしは教師を目指す人のために主として大学で学ぶ基礎的な数学の要点をまとめたものです.
微積分などすでに高等学校で学んだ内容も含めましたが, それに続く, あるいはその先にある数学を取り上げました.
数学教育に当たっては教師は大学で学ぶ数学の内容を直接指導することはなくても, 背景にある数学としてそれらを学んでおくべきと考えます.
数学の分野は大きく分けると, 代数学, 幾何学, 解析学ですが, それぞれ互いに関連し, 深く, 広い内容を持っています. その膨大な数学の内容の一部である基礎的な部分, 重要な部分を取り上げました. 記述は定義, 定理, 証明と教科書風をとらず講義風にしました.
数学では一般化 (抽象化) と論証 (それが正しいことを論理的に証明すること) が基本です. 命題が正しいことを示すには論理的にそれを証明しなくては定理にはなりません. しかし, きちんとした証明を省いても, 定理の本質を見抜き, その定理がどんなことを主張しているのかが,「なるほど分かった」と思えることが大切です.
そのようなことも踏まえ, また紙数の制限もあり, 本書では証明のポイントだけ, また証明抜きで結果だけを述べたものが多々あります. したがって, なぜだろうと思ったら, まず自分で考え, 分からなければその分野の本 (参考文献など) を見て下さい.
中にはそういうものかと内容を理解して, 結果を使うこともあってよいと思います.
以下に内容の要点を記します.
まず, 数学を展開する場 (台) となる集合から始め, つぎに集合に入れる数学的構造の一つである位相について述べます.
代数学から数, 代数系 (群, 環, 体), 線形代数を取り上げます.
解析学から微積分 (高等学校でかなり学んでいます), 微分方程式, 複素関数論を取り上げます. 以下章ごとに述べます.
１章. 集合と位相では, 写像を定義し, それにより無限集合に個数を一般化した濃度を導入します. これはものを分類することのもととなる同値関係によります. また, 数の大小関係を一般化した順序について述べます. つぎに集合に距離を定義して極限概念を一般化し, 更に距離空間を抽象化して, 一般の集合に位相を導入し, 位相空間とします. 位相空間では写像の連続性が定義できて, 連続に関わることが考察できることになります.

２章. 数では, 実数の構成には触れず実数の性質について述べます. 実数を既知として, 実数の順序対と複素数をとらえます. 整数については基本的な部分のみを扱い, 同値関係の一つである合同式をとりあげます.

３章. 代数系では, 数のもつ性質を抽象化して, 演算の定義された集合である代数系として群, 環, 体をとりあげますが, 定義を主にして同型定理までとします.

4 章. 線形代数では行列と行列式の理論が中心で, 一般次元で考えます. 行列の対角化までとします. ベクトル空間も一般次元で考え, 内積の定義された計量ベクトル空間もとりあげます. 具体的な例で, 連立一次方程式の掃き出し法による解法にもふれます.

5 章. 微分積分では, 1 変数の場合, 高等学校での内容と重なる部分がありますが実数の性質を仮定して, より理論的に話を進めます. 多変数の場合,2 変数関数の偏微分, 二重積分とその応用を扱い, 曲面積にもふれます.

6 章. 微分方程式では, 積分との関連でいわゆる求積法による微分方程式の解法と線形微分方程式の解法のみを扱います.

7 章. 複素関数では, 微分積分の延長として変数を実数から複素数に広げた, いわば複素変数の微分積分ともいえる複素関数論について基本的な部分はほとんど取り上げます. そこでは, コーシーの積分定理が理論のもとになっています. ただし, 楕円関数にはふれていません.

最後に, この本を書くに当たり私も著した (共著) 本 (参考文献 [1],[13],[14],[15]) はもとより, 講義で教科書として使用した本をはじめいくつもの本を参考にさせていただきました. それらを, 学んで欲しい本も含めて, 参考文献として記しておきます. 参考にさせていただいた本の著者に感謝致します.

既に学んでいる内容でも, もう一度学びなおしてみましょう!

目次

1 **集合と位相** 3

1.1 集合 3
1.2 写像 6
1.3 同値関係 10
1.4 濃度 11
1.5 順序 17
1.6 距離 18
1.7 位相 24
1.8 多様体 33

2 **数** 35

2.1 実数 35
2.2 複素数 38
2.3 整数 40

3 **代数系** 49

3.1 群 49
3.2 環と体 53

4 **線形代数** 56

4.1 行列 56
4.2 行列式 59
4.3 ベクトル空間 71
4.4 行列の対角化 77
4.5 連立一次方程式 84

5 **微分積分** 89

5.1 数列と級数 89
5.2 関数の極限 94
5.3 微分 97

5.4 積分 110
5.5 多変数関数 122
5.6 偏微分 124
5.7 二重積分 130

6 **微分方程式** 136
6.1 1階微分方程式 136
6.2 2階微分方程式 139

7 **複素関数** 145
7.1 複素数と複素平面 145
7.2 複素関数 148
7.3 正則関数 152
7.4 複素積分 156
7.5 複素数列と級数 165
7.6 有理型関数 178
7.7 等角写像と1次分数変換 187
7.8 調和関数 192
7.9 解析接続 193

参考文献 195

索引 196

1　集合と位相

1.1　集合

現代数学では集合にいわゆる数学的構造を入れてその集合上で数学を展開することが多いのです．いわば集合は数学を展開する場なのです．したがってまず集合の話から始めます．
“もの”の集まりを集合といいます．ただしその“もの”がその集合に属するか属しないかがはっきりしていなくてはなりません．その“もの”をその集合の元 (要素) といいます．元 x が集合 A に属することを $x \in A$, 属さないことを $x \notin A$ と書きます．
集合の表し方には例えば $\{a, b\}$ のように元を列挙する表し方があります．
例えば $A = \{a, b\}$ のとき $a \in A, b \in A, c \notin A$ です．
また,$\{x|x$ のみたす条件 $\}$ ような表し方があります．元をすべて列挙できないときによく使われます．例えば
$\mathbb{N}$=$\{x|x$ は自然数 $\}$ は自然数全体の集合
$\mathbb{Z}$=$\{x|x$ は整数 $\}$ は整数全体の集合
$\mathbb{Q}$=$\{x|x$ は有理数 $\}$ は有理数全体の集合
$\mathbb{R}$=$\{x|x$ は実数 $\}$ は実数全体の集合
$\mathbb{C}$=$\{x|x$ は複素数 $\}$ は複素数全体の集合
集合 A, B に対して A の元と B の元がすべて同一のとき A と B は等しいといい $A = B$ と書きます．
また A の元はすべて B の元であるとき, すなわち $x \in A$ ならば $x \in B$ のとき A は B の部分集合といい $A \subset B$ と書きます．
すると $A = B$ とは $A \subset B$ かつ $B \subset A$ が成り立つことと同値です．
$A \subset B$ で $A \neq B$ のとき A は B の真部分集合といい $A \subsetneqq B$ と書きます．
$A \subset B$ を $A \subseteqq B$,　$A \subsetneqq B$ を $A \subset B$ と書くこともあります．

$$\mathbb{N} \subsetneqq \mathbb{Z} \subsetneqq \mathbb{Q} \subsetneqq \mathbb{R} \subsetneqq \mathbb{C}$$

が分かります．集合 A に対して

$$a \in A \Leftrightarrow \{a\} \subset A$$

が成り立ちます．ここで, $\Leftrightarrow$ は「$a \in A \Rightarrow \{a\} \subset A$」かつ「$\{a\} \subset A \Rightarrow a \in A$」という記号で， $\Rightarrow$ は, ならばという記号です．記号を用いると簡単, 明瞭に表わせます．
元をもたない集合も集合の仲間に入れて空集合といい $\emptyset$ と書きます．空集合 $\emptyset$ は任意の集合の部分集合と考えます．
ある固定された集合 U の部分集合のみを考察することが多く, この場合最初に固定された集合を全体集合といいます．
U のすべての部分集合を元とする集合 (族) を U のべき集合といい 2^U または $\mathfrak{P}(U)$ と書きます．すなわち

$$\mathfrak{P}(U) = \{S | S \subset U\}$$

例えば $U = \{a, b\}$ なら $\mathfrak{P}(U) = \{\emptyset, \{a\}, \{b\}, U\}$ です．
$U = \{a, \{b\}\}$ なら $\mathfrak{P}(U) = \{\emptyset, \{a\}, \{\{b\}\}, U\}$ です．
集合 A, B に対して

$$A - B = \{x | x \in A \text{ かつ } x \notin B\}$$

を差集合といいます．特に全体集合 U に対しては $A \subset U$ となっていて, $U - A$ を A^c と書き A の補集合といいます．

$$\emptyset^c = U, \quad U^c = \emptyset, \quad (A^c)^c = A$$

は明らかです．
集合 A, B に対して

$$A \cup B = \{x | x \in A \text{ または } x \in B\}$$

を A, B の和集合 (union)

$$A \cap B = \{x | x \in A \text{ かつ } x \in B\}$$

を A, B の共通部分 (intersection)

$$A \times B = \{(x, y) | x \in A \text{ かつ } y \in B\}$$

を A, B の直積 (direct product) といいます．
特に $A = B$ のとき $A \times A = \{(x, y) | x \in A, y \in A\}$ を A^2 と書きます．ここで (x, y) は順序対 (ordered pair) といわれ， $x \in A, x' \in A$, $\quad y \in B, y' \in B$ として

$(x,y)=(x',y')$ とは $x=x'$ かつ $y=y'$ のときに限ります.
順序対を集合で記せば

$$(x,y)=\{\{x\},\{x,y\}\}$$

全体集合を U として $A,B\subset U$ に対して

$$A\subset B\Leftrightarrow A^c\supset B^c$$

またド・モルガンの法則

$$(A\cup B)^c=A^c\cap B^c$$

$$(A\cap B)^c=A^c\cup B^c$$

が成り立ちます.
$A\cap B=\emptyset$ のとき A と B は交わらないとか, 互いに素といいます.
いままで 2 つの集合に対して和集合, 共通部分, 直積について述べてきましたが, 無限個のときも含めてつぎのように一般化します.
Λ を任意の集合とします.

$$\cup_{\lambda\in\Lambda}A_\lambda=\{x|\exists\lambda\in\Lambda;x\in A_\lambda\}$$

を和集合

$$\cap_{\lambda\in\Lambda}A_\lambda=\{x|\forall\lambda\in\Lambda;x\in A_\lambda\}$$

を共通部分

$$\Pi_{\lambda\in\Lambda}A_\lambda=\{(x_\lambda)|\forall\lambda\in\Lambda;x_\lambda\in A_\lambda\}$$

を直積と定義します.
ここで $\exists$ は "存在する." $\forall$ は "任意の (すべての)" を表わす論理記号で,
$\exists\lambda\in\Lambda;x\in A_\lambda$ は "$x\in A_\lambda$ なるような $\lambda\in\Lambda$ が存在する"
$\forall\lambda\in\Lambda;x\in A_\lambda$ は "すべての $\lambda\in\Lambda$ に対して $x\in A_\lambda$" の意味です.
なお Λ は添字集合, λ を添字といいます.
Λ が 2 つの元からなる集合のとき $\Lambda=\{1,2\}$ として, それぞれ先に定義した,
$A\cup B,\quad A\cap B,\quad A\times B\quad(A_1=A,A_2=B$ として) を表わします.
$\Lambda=\{1,2,\ldots,n\}$ のとき, それぞれ $\cup_{\lambda=1}^n A_\lambda,\quad\cap_{\lambda=1}^n A_\lambda,\quad\Pi_{\lambda=1}^n A_\lambda$ と書きます.

注意すべきは $x_\lambda \in A_\lambda$ ですが $(x_\lambda) \in \Pi_{\lambda\in\Lambda} A_\lambda$ です.
$\Lambda = \{1, 2, \ldots, n\}$ のとき (x_λ)=$(x_1, x_2, \ldots, x_n)$ は n 対（n-tuple）のことです.
ド・モルガンの法則は

$$(\cup_{\lambda\in\Lambda} A_\lambda)^c = \cap_{\lambda\in\Lambda} A_\lambda^c$$
$$(\cap_\Lambda A_\lambda)^c = \cup_{\lambda\in\Lambda} A_\lambda^c$$

となります.
これらは

$$\neg(\exists\lambda \in \Lambda; x \in A_\lambda) = \forall\lambda \in \Lambda; x \notin A_\lambda$$
$$\neg(\forall\lambda \in \Lambda; x \in A_\lambda) = \exists\lambda \in \Lambda; x \notin A_\lambda$$

ここで $\neg$ は否定を表わす記号です. すなわち "x がどれかの A_λ に属する" の否定は "x は A_λ のどれにも属さない"
また, " x が A_λ のどれにも属する" の否定は " x はどれかの A_λ に属さない" ということから分かります.

1.2 写像

つぎに写像について述べます.
X, Y を集合とします. X の各元に Y の 1 つの元を対応させる対応の規則 f を X から Y への写像 (mapping) といい

$$f : X \to Y$$

と書きます.
この f で X の元 a に Y の元 b が対応するとき $b = f(a)$ または $a \mapsto b$ と書き, b を f の a における値 (value) といいます.
X を写像 f の定義域, Y を f の値域, 特に Y が数の集合のとき f は関数といい, $Y = \mathbb{R}$ なら実 (数値) 関数, $Y = \mathbb{C}$ なら複素 (数値) 関数といいます.
写像 $f : X \to Y,\quad g : X \to Y$ に対して $f(x) = g(x)$ がすべての $x \in X$ について成り立つとき写像 f と g は等しいといい $f = g$ と書きます.
$f : X \to Y$ に対して $X \times Y$ の部分集合

$$G_f = \{(x, y) | y = f(x)\}$$

を写像 f のグラフといいます.
写像 $f: X \to Y$ に条件を付けることを考えます.
$f: X \to Y$ が単射 (injection) とは X の異なる元は Y の異なる元に写ること. すなわち, 任意の $x, x' \in X$ に対して

$$x \neq x' \Rightarrow f(x) \neq f(x')$$

対偶をとれば

$$f(x) = f(x') \Rightarrow x = x'$$

が成り立つことをいいます.
$f: X \to Y$ が全射 (surjection) とは $f(X) = Y$, すなわち Y のどの元 y に対しても y に写る X の元 x が存在することをいいます.
論理記号を用いて書けば

$$\forall y \in Y \text{ に対して } \exists x \in X s.t. f(x) = y$$

となります. $s.t.$ は〜のようなを意味する such that の略語です.
写像 $f: X \to Y$ が全射かつ単射のとき全単射 (bijection)(1 対 1 対応) といいます.
任意の $x \in X$ に対して $f(x) = x$ で定まる写像 $f: X \to X$ を X の恒等写像 (indentity map) といい I_X と記します.
すなわち $I_X: X \to X$ で

$$I_X(x) = x$$

は明らかに X から X への全単射です.
$f: X \to Y$, $g: Y \to Z$ に対して任意の $x \in X$ に対して $x \mapsto g(f(x))$ で決まる X から Z への写像を

$$g \circ f: X \to Z$$

と書き f と g の合成写像 (composite map) といいます.
すなわち, 任意の $x \in X$ に対して

$$g \circ f(x) = g(f(x))$$

$f: X \to Y$ が全単射のときに限り, この f で Y の各元 y に対応する X の元 x は唯一つですので y にこの x を対応させて Y から X への写像 $g: Y \to X$ が定まります.

この g を f の逆写像 (inverse mapping) といい f^{-1} と表わします. すなわち

$$f^{-1}: Y \to X, \quad f^{-1}(y) = x$$

このとき

$$f^{-1}(y) = x \Leftrightarrow y = f(x)$$

定義より $f^{-1}: Y \to X$ も全単射で

$$(f^{-1})^{-1} = f, \qquad f^{-1} \circ f = I_X, \qquad f \circ f^{-1} = I_Y$$

が成り立ちます.
$f: X \to Y, \quad g: Y \to Z$ がともに全単射なら $g \circ f: X \to Z$ も全単射です.
基本的なつぎのことが成り立ちます.
「$f: X \to Y, \quad g: Y \to X$ について $g \circ f = I_X$ ならば f は単射, g は全射」
なぜなら, 任意の $x, x' \in X$ に対して $f(x) = f(x')$ ならば $g(f(x)) = g(f(x'))$,
$g \circ f(x) = g \circ f(x'), \quad I_X(x) = I_X(x') \qquad \therefore x = x'$. ゆえに f は単射です.
任意の $x \in X$ に対して $f(x) \in Y$ が存在して, $g(f(x)) = g \circ f(x) = I_X(x) = x$
従って g は全射です.
写像 $f: X \to Y$ について $A \subset X$ に対して

$$f(A) = \{f(x) | x \in A\}$$

を f による A の像 (image) といいます.
$B \subset Y$ に対して

$$f^{-1}(B) = \{x | x \in X, f(x) \in B\}$$

を f による B の逆像 (inverse image) といいます.
$f^{-1}(B)$ は写像 f^{-1} による B の像とは f が全単射でない限り異なることに注意します.

$f: X \to Y$ に対して $A_1, A_2 \subset X$ のとき

$$f(A_1 \cup A_2) = f(A_1) \cup f(A_2)$$

$$f(A_1 \cap A_2) \subset f(A_1) \cap f(A_2)$$

f が単射なら

$$f(A_1 \cap A_2) = f(A_1) \cap f(A_2)$$

$B_1, B_2 \subset Y$ のとき

$$f^{-1}(B_1 \cup B_2) = f^{-1}(B_1) \cup f^{-1}(B_2)$$

$$f^{-1}(B_1 \cap B_2) = f^{-1}(B_1) \cap f^{-1}(B_2)$$

が成り立ちます.
一般化して $f : X \to Y$ について, 任意の $\lambda \in \Lambda$ に対して $A_\lambda \subset X,\quad B_\lambda \subset Y$ とすると

$$f(\cup_{\lambda\in\Lambda} A_\lambda) = \cup_{\lambda\in\Lambda} f(A_\lambda)$$

$$f(\cap_{\lambda\in\Lambda} A_\lambda) \subset \cap_{\lambda\in\Lambda} f(A_\lambda)$$

f が単射なら $f(\cap_{\lambda\in\Lambda} A_\lambda) = \cap_{\lambda\in\Lambda} f(A_\lambda)$.

$$f^{-1}(\cup_{\lambda\in\Lambda} B_\lambda) = \cup_{\lambda\in\Lambda} f^{-1}(B_\lambda)$$

$$f^{-1}(\cap_{\lambda\in\Lambda} B_\lambda) = \cap_{\lambda\in\Lambda} f^{-1}(B_\lambda)$$

$f : X \to Y$ について, $A \subset X,\quad B \subset Y$ に対して
$f^{-1}(f(A)) \supset A,\quad f$ が単射なら等号が成り立ちます.
$f(f^{-1}(B)) \subset B,\quad f$ が全射なら等号が成り立ちます.
$f : X \to Y, A \subset X$ に対して任意の $x \in A$ に $f(x) \in Y$ を対応させる写像を f の A への制限 (写像) といい $f|_A$ と書きます.
すなわち, 任意の $x \in A$ に対して

$$f|_A(x) = f(x)$$

逆に $f : X \to Y$ に対して X を真に含む集合 $\tilde{X}(X \subsetneqq \tilde{X})$ と, $\tilde{X}$ から Y への写像 $g : \tilde{X} \to Y$ が $g|_X = f$ となるとき, g を f の X から $\tilde{X}$ への拡張 (延長) といいます.
先の $f : X \to Y, A \subset X$ に対して $f|_A : A \to Y$ を $\forall x \in A$ に対して $f|_A(x) = f(x)$ と定めます.　このとき f は $f|_A$ の A から X への延長です.

1.3 同値関係

つぎに数学で非常に重要な概念「同値関係」について述べます.
同値関係は「等しい」という関係を一般化した概念です.
集合 X の同値関係とは X の 2 つの元 a, b の関係で a と b に関係があることを〜と表わすとき次の性質 (同値律という) を満たすもののことです.
X の任意の元 a, b, c に対して
(i) $a \sim a$
(ii) $a \sim b \Rightarrow b \sim a$
(iii) $a \sim b$ かつ $b \sim c \Rightarrow a \sim c$
$a{\sim}b$ のとき a と b は同値であるといいます.
集合 X に同値関係 $\sim$ が定まると, $a \in X$ と同値な X の元全体のなす X の部分集合を a の同値類といい $[a]$ と記します. すなわち,

$$[a] = \{x \in X | x \sim a\}$$

そして同値類を元とする集合を X の商集合 (quotient set) といい $X/\sim$ と記します. すなわち

$$X/\sim = \{[a] | a \in X\}$$

同値類は次の性質をもちます.
(i) $a \in [a]$
(ii) $[a] \neq [b] \Rightarrow [a] \cap [b] = \emptyset$
(ii) の対偶 $[a] \cap [b] \neq \emptyset \Rightarrow [a] = [b]$ を示します.
$c \in [a] \cap [b]$ をとる. $c{\sim}a$ かつ $c{\sim}b$ $\therefore a \sim c$ かつ $c \sim b$ $\therefore a \sim b$ ゆえに $[a] = [b]$
すなわち同値類は等しいか等しくなければ共通部分は存在しません.
上のことから集合 X に同値関係 $\sim$ が与えられると各同値類により X が分類（類別）されることになります.
逆に X に類別が与えられると各類を同値類とする同値関係が X に定まります.
X に同値関係 $\sim$ が与えられたとき $\sim$ による X の商集合 $X/\sim$ が定まりますが
任意の $x \in X$ に対して $\varphi(x) = [x]$ で定まる X から $X/\sim$ への写像

$$\varphi : X \to X/\sim$$

を自然な写像といいます. 自然な写像は全射です.
同値関係の例をあげます.
整数全体の集合 $\mathbb{Z}$ につぎのように同値関係 $\sim$ を定めます.
n を固定された整数として $a,b \in \mathbb{Z}$ に対して $a-b$ が n で割り切れる ($n|a-b$ と書く) とき a と b は同値 $a{\sim}b$ とします.
この関係 $\sim$ は同値律 (i)$a \sim a$, (ii)$a \sim b \Rightarrow b \sim a$, (iii)$a \sim b, b \sim c \Rightarrow a \sim c$ を満たします。(iii) のみ示すと $a-c=(a-b)+(b-c)$ で $a-b$ は n で割り切れ,$b-c$ も n で割り切れるので $a-c$ は n で割り切れます.
上の同値関係を $a \equiv b \pmod{n}$ (n を法として a と b は合同という) と記します. 合同式といわれます.
$n=2$ のとき整数全体が偶数全体と奇数全体を同値類として分類されたことになります.
このことは 2.3 整数のところでも扱っています.
集合に同値関係を導入して分類することはいろいろな場面で表われます.

1.4 濃度

つぎに集合の濃度について述べます.
元の個数が有限個の集合を有限集合といい, そうでない集合を無限集合といいますが, この個数の概念を無限集合も含めて一般化したものが濃度の概念です.
集合 A, B に対して A の元と B の元がすべて 1 対 1 に対応するとき, 写像のことばでいえば,A から B への全単射が少なくとも 1 つ存在するとき A と B は対等であるとか, A の濃度と B の濃度は等しいといい,

$$\#A = \#B \quad \text{または} \ |A| = |B|$$

と書きます.
対等という関係は同値関係です.
集合 A, B に対し, A から B への単射と, B から A への単射が存在すれば A から B への全単射が存在します. 別の言い方をすれば, A が B のある部分集合と対等かつ, B が A のある部分集合と対等ならば A と B は対等になります. このことはベルンシュタインの定理と言われます.

例えば $[0,1]=\{x\in\mathbb{R}|0\leqq x\leqq 1\}$ と $\mathbb{R}$ は対等です.
実際, $[0,1]$ は $\mathbb{R}$ の部分集合 $[0,1]$ と対等ですし,$\mathbb{R}$ は $[0,1]$ の部分集合 $(0,1)$ と対等ですから, 上のベルンシュタインの定理より $[0,1]$ と $\mathbb{R}$ は対等になります.
$(0,1)$ と $\mathbb{R}$ が対等なことは, 例えば $(0,1)$ から $\mathbb{R}$ への全単射

$$f(x)=\tan^{-1}(\pi x-\frac{\pi}{2})$$

が存在するからです.
区間 $[a,b]$ と区間 $[c,d]$ が対等であることが $[a,b]$ から $[c,d]$ への全単射

$$f(x)=\frac{d-c}{b-a}(x-a)+c$$

が存在することから分かります. このことと全単射の制限写像はまた全単射であることより, すべての区間は無限区間も含めて対等であることが分かります.
有限集合の場合は濃度はその集合の元の個数のことで, 0 も含めた自然数で表わします.
例えば $A=\{a,b\},a\neq b$ のとき $\#A=2$
集合 S が無限集合のときは, 濃度をドイツ文字を用いて $\mathfrak{m}=\#S$ のように表わすことが多いです.
特別な集合の場合, 例えば自然数全体の濃度は $\aleph_0$ (アレフゼロとよび可算濃度という),
実数全体の集合の濃度は $\aleph$ (アレフとよび連続濃度という) と表わします.
すなわち

$$\aleph_0=\#\mathbb{N},\quad \aleph=\#\mathbb{R}$$

自然数全体と 1 対 1 に対応する集合, すなわち可算濃度をもつ集合を可算集合 (countable set) とか可付番集合といいます.
"もの" の個数を知ること, 数えることは番号を付けることとも考えられますのでこのようにいいます. なお有限か可算のときは, たかだか可算といいます.
可算集合の可算和は可算集合です.
有理数全体の集合は可算集合です. すなわち $\#\mathbb{Q}=\aleph_0$
代数的数, すなわち整数係数の代数方程式 $a_nx^n+a_{n-1}x^{n-1}+\cdots+a_0=0\quad(a_n\neq 0,\quad n\geqq 1)$ の解となる複素数全体は可算です. このことは $h:=n+|a_n|+\cdots+|a_0|$ は 2 以上の整数ですので, h を 2,3,4, ... と与えるごとに代数方程式が定まりますが,

その代数方程式の解は有限個で, h の与え方は可算個ですので解は可算個です.
$a_n = 1$, すなわち最高次の係数が 1 の多項式$= 0$ の解となる数は代数的整数といわれます.
有理数は代数的数です. 実際, 有理数 $\dfrac{m}{n}$ は $nx - m = 0$ の解です. 例えば $\sqrt{2}$ は無理数で代数的 (整数) です. 実際, $\sqrt{2}$ は $x^2 - 2 = 0$ の解です.
可算でない無限集合もあります.
$0 < x < 1$ なる実数 x の全体のなす集合 ($(0, 1)$ と書く), 従って実数全体の集合 $\mathbb{R}$ は可算でない無限集合 (非可算集合という) です.
このことは無限集合の濃度は皆同じではないかと思われていたことをくつがえす結果なのです. この事実はカントールによって示されました. 以下にその証明を記します. 対角線論法といわれる方法によります.
0 と 1 の間のすべての実数が可算だと仮定して矛盾を導きます.
0 と 1 の間の任意の実数は 10 進法で無限小数で $0.x_1x_2x_3\ldots$, ($x_1, \ldots, x_n, \ldots$ は 0 から 9 までの数字) と一意に表わされます. (ただし, 例えば $0.4999\cdots = 0.5000\ldots$ はどちらか一方をとると決めておきます.) 可算だと仮定したので番号を付け得て, 1 番目を $0.a_{11}a_{12}\ldots a_{1n}\ldots$, 2 番目を $0.a_{21}a_{22}\ldots a_{2n}\ldots$, n 番目を $0.a_{n1}a_{n2}\ldots a_{nn}\ldots$, ここで対角線に着目して, 例えば $a_{nn} = 1$ なら $b_n = 2$, $a_{nn} \neq 1$ なら $b_n = 1$ ($n = 1, 2, 3, \ldots$) として, $b = 0.b_1b_2b_3\ldots$ を考えると, b は上のどれとも違います. なぜなら 1 番目とは小数点 1 桁目, 2 番目とは小数点 2 桁目,..., n 番目とは小数点 n 桁目が違うからです. 一方, b は 0 と 1 の間の実数ですので番号が付けられていなくてはなりません. これは矛盾です.
有限濃度（個数）のときは承知のことですが, 無限濃度も含めて濃度 $\mathfrak{m}, \mathfrak{n}$ の大小関係を次のように定義します.
濃度 $\mathfrak{m}$ は濃度 $\mathfrak{n}$ より小さい

$$\mathfrak{m} < \mathfrak{n}$$

とは

$$\mathfrak{m} \leqq \mathfrak{n} \text{ かつ } \mathfrak{m} \neq \mathfrak{n}$$

すなわち $\mathfrak{m} = \#A, \mathfrak{n} = \#B$ なる集合 A, B をとり

$$\#A \leqq \#B \text{ かつ} \#A \neq \#B$$

のことと定めます.
別のいい方をすれば, A から B への単射は存在するが, 全単射は存在しないということです.
上の定義は $\mathfrak{m}$ を濃度にもつ集合 A, $\mathfrak{n}$ を濃度にもつ集合 B のとり方によらないことが分かるのでよく定義できるわけです.(定義として意味をもつのです.)
自然数全体の濃度と偶数全体の濃度は同じです.
実際, 1 と 2, 2 と 4, 3 と 6,$\cdots$,n と $2n$ のように対応させればよいのです.
有限で考えれば, 例えば 10 までの偶数は明らかに 1 から 10 までの自然数より少ないことになります. ここが有限と無限との違いになります. 有限の世界では, 集合 B の真部分集合 $A(A \subsetneqq B)$ の個数が B の個数と同じということはありえませんが, 無限の世界では同じということが起こります.
すなわち, $A \subsetneqq B$ で $\#A = \#B$ なる集合 A, B が存在します.
例えば, $\mathbb{N} \subsetneqq \mathbb{Z}$ で

$$\#\mathbb{N} = \#\mathbb{Z} = \aleph_0$$

この有限と無限との違いをもとに, 先に無限を定義して, そうでないとき有限と定めることもできるのです.
先に示したように $\aleph_0 \neq \aleph$ ですが $\aleph_0$ と $\aleph$ の間に別の濃度が存在するだろうか.
存在しないだろうというのがカントールの連続体仮説ですが, 存在してもしなくても矛盾しないことがコーエンによって示されました. 幾何でいう平行線の公理みたいなものです.
無限濃度 $\mathfrak{m}, \mathfrak{n}$ に対して演算, 和 $+$, 積 $\cdot$ をつぎのように定義します.
$\mathfrak{m} = \#A$, $n = \#B$ なる集合 A, B をとる
(1) $\mathfrak{m} + \mathfrak{n}{=}\#(A \cup B)$ ただし $A \cap B = \emptyset$
(2) $\mathfrak{m} \cdot \mathfrak{n}{=}\#(A \times B)$
(3) $\mathfrak{n}^{\mathfrak{m}} = \#(B^A)$
ここで, B^A は A から B への写像の全体を表わします.
上記は $\mathfrak{m}{=}\#A$, $\mathfrak{n} = \#B$ なる A, B のとり方によらないので定義可能です.
定義可能であることを (3) のみ示してみます. 何に何を対応させる写像を考えるかが大切でいい例と思うからです.
$\mathfrak{m} = \#(A) = \#(A')$, $\mathfrak{n} = \#(B) = \#(B')$ として $\#(B^A) = \#(B'^{A'})$ を示します.
A から A' への全単射 $\varphi : A \to A'$, B から B' への全単射 $\psi : B \to B'$ が存在します.

A から B への写像 $f: A \to B$ を任意にとります.
すなわち $f \in B^A$
この f に対して A' から B' への写像 $\psi \circ f \circ \varphi^{-1}: A' \to B'$, すなわち $\psi \circ f \circ \varphi^{-1} \in B'^{A'}$ を対応させる写像を F とします.
すなわち $F: B^A \to B'^{A'}$
　任意の $f \in B^A$ に対して $F(f) = \psi \circ f \circ \varphi^{-1}$ とすると, この F が B^A から $B'^{A'}$ への全単射になります.
実際, $f_1, f_2 \in B^A$ に対して $F(f_1) = F(f_2)$ とすると

$$\psi \circ f_1 \circ \varphi^{-1} = \psi \circ f_2 \circ \varphi^{-1}$$

ゆえに

$$\psi^{-1} \circ \psi \circ f_1 \circ \varphi^{-1} \circ \varphi = \psi^{-1} \circ \psi \circ f_2 \circ \varphi^{-1} \circ \varphi$$

ゆえに

$$I_B \circ f_1 \circ I_A = I_B \circ f_2 \circ I_A$$

ゆえに $f_1 = f_2$ 従って F は単射です.
任意の $g \in B'^{A'}$ に対して $\psi^{-1} \circ g \circ \varphi$ は A から B への写像, すなわち $\psi^{-1} \circ g \circ \varphi \in B^A$ で

$$\begin{aligned} F(\psi^{-1} \circ g \circ \varphi) &= \psi \circ (\psi^{-1} \circ g \circ \varphi) \circ \varphi^{-1} \\ &= \psi \circ \psi^{-1} \circ g \circ \varphi \circ \varphi^{-1} \\ &= I_{B'} \circ g \circ I_{A'} = g \end{aligned}$$

となり, F は B^A から $B'^{A'}$ への全射となります.
従って F は B^A から $B'^{A'}$ への全単射となり

$$\#(B^A) = \#(B'^{A'})$$

有限のときと違う点として次をあげます. 無限濃度も含めて考えると簡約律といわれる

$$\mathfrak{m} + \mathfrak{p} = \mathfrak{n} + \mathfrak{p} \Rightarrow \mathfrak{m} = \mathfrak{n}$$

$$\mathfrak{m}\mathfrak{p} = \mathfrak{n}\mathfrak{p} \Rightarrow \mathfrak{m} = \mathfrak{n}$$

は成り立ちません. 例えば $\aleph_0 = \aleph_0 + \aleph_0, \quad \aleph_0 = \aleph_0\aleph_0$ が成り立つからです.
任意の集合 X に対して

$$\#X < \#\mathfrak{P}(X)$$

が成り立ちます. X が n 個の元から成る有限集合のときは上記は

$$n < 2^n$$

を意味しますが, これは数学的帰納法により容易に示せます. すなわち $n = 1$ のとき $1 < 2$ で成立する. n のとき成立 $n < 2^n$ と仮定すると $n+1 < 2^n + 2^n = 2 \cdot 2^n = 2^{n+1}$ となり $n+1$ のときも成立するからです.

X が無限集合を含めて考えると, 定義にもどつて証明します.

X の任意の元 x に $\mathfrak{P}(X)$ の元すなわち X の部分集合 $\{x\}$ を対応させる写像 $f : X \to \mathfrak{P}(X)$ は単射ですので $\#X \leqq \#\mathfrak{P}(X)$.

つぎに $\#X \neq \mathfrak{P}(X)$ を示します.

X から $\mathfrak{P}(X)$ への全単射が存在しないことを云えばよいのですが, それには X から $\mathfrak{P}(X)$ へのどんな写像も全射にならないことを示します. すると X から $\mathfrak{P}(X)$ への全単射は存在しないことになるからです. そこで X から $\mathfrak{P}(X)$ への任意の写像を $f : X \to \mathfrak{P}(X)$ とすると, 任意の $x \in X$ に対して $f(x) \in \mathfrak{P}(X)$ すなわち $f(x)$ は X の部分集合なので $x \in f(x)$ か $x \notin f(x)$. いま $A := \{x \in X | x \notin f(x)\}$ とおくと A は X の部分集合です. しかるに, 任意の $x \in X$ に対して $x \in A \Rightarrow x \notin f(x)$, $x \notin A \Rightarrow x \in f(x)$. したがつて $f(x) \neq A$. すなわち f は全射でありません.

つぎに

$$\#\mathfrak{P}(X) = \#\{0,1\}^X$$

を示します. $\mathfrak{P}(X)$ から $\{0,1\}^X$ への写像 $F : \mathfrak{P}(X) \to \{0,1\}^X$ を任意の $A \in \mathfrak{P}(X)$ (A は X の部分集合) に対し $\chi_A \in \{0,1\}^X$ を対応させる写像と定めます.

ここで $\chi_A : X \to \{0,1\}$

$$\chi_A(x) = \begin{cases} 1 & x \in A \\ 0 & x \in X - A \end{cases}$$

χ_A は A の定義関数といわれます. 上で定めた写像 F は $\mathfrak{P}(X)$ から $\{0,1\}^X$ への全単射であることが分かります.

実際,$A, B \in \mathfrak{P}(X)$ に対して $A \neq B \Rightarrow \chi_A \neq \chi_B$. よって F は $\mathfrak{P}(X)$ から $\{0,1\}^X$ への単射です. また, 任意の $f \in \{0,1\}^X$ すなわち写像 $f : X \to \{0,1\}$ に対して $C := \{x \in X | f(x) = 1\}$ とおくと, $C \subset X$ すなわち $C \in \mathfrak{P}(X)$ で $F(C) = \chi_C = f$ となり, F は $\mathfrak{P}(X)$ から $\{0,1\}^X$ への全射です. したがつて, 任意の無限濃度 $\mathfrak{n}$ に対して

$$\mathfrak{n} < 2^{\mathfrak{n}}$$

も成り立つことになります.
$\mathfrak{n} = \aleph_0$ にとると

$$\aleph_0 < 2^{\aleph_0}$$

が成り立ちます. また,

$$2^{\aleph_0} = \aleph$$

が成り立ちます (証明はしませんが) ので

$$\aleph_0 < \aleph$$

$\aleph_0$ と $\aleph$ の間に濃度が存在するかというのが連続体問題でした. その意味で, $\mathfrak{n}$ と $2^{\mathfrak{n}}$ の間に濃度が存在するか. これは一般連続体問題といわれます.

1.5 順序

今まで, 自然数の 1 つ,2 つ,⋯と, ものの個数を数える個数の一般化である濃度について述べましたが, もう一つ自然数を 1 番,2 番,⋯と, ものの順序 (小さい, 前にある, 大きい, 後にある) に使う順序関係について述べます.
集合 X の 2 つの元 a, b について関係 $\leqq$ (数のときの通常の大小関係に使う記号 $\leqq$ で表わしました) でつぎの (1),(2),(3) を満たすものを順序 (order) といいます.
(1)　X のすべての元 a に対して $a \leqq a$
(2)　$a \leqq b$ かつ $b \leqq a$ ならば $a = b$
(3)　$a, b, c \in X$ に対して $a \leqq b$ かつ $b \leqq c$ ならば $a \leqq c$
特に,
(4)　X のすべての元 a, b に対して $a \leqq b$ または $b \leqq a$
も成り立つとき全順序 (total order) といいます.
$a \leqq b$ のとき a は b より小さいか等しいといいます. $a < b$ は $a \leqq b$ かつ $a \neq b$ のことで a は b より小さいといいます.
順序 $\leqq$ の定義された集合を順序集合といいます. 実数全体 $\mathbb{R}$ は普通の大小関係を順序として全順序集合です.
順序集合 X において X の元 a があって X のすべての元 x に対して $x \leqq a$　$(a \leqq x)$ となるとき a を X の最大元 (最小元) といい $maxA$　$(minA)$ と書きます.
X を順序集合, A を X の部分集合とすると A は X の順序で順序集合となります.

(部分順序という)．このとき X のある元 x_0 が存在して A のすべての元 a に対して $a \leqq x_0 \quad (x_0 \leqq a)$ となるとき x_0 を A の一つの上界（下界）といいます. このとき A は上に有界（下に有界）といいます. 上にも下にも有界のとき有界といいます. $x_0 \leqq x \quad (x \leqq x_0)$ なる $x \in X$ も A の上界（下界）となりますので A の上界（下界）すべての集合の最小元（最大元）があればそれを A の上限（下限）といい $supA \quad (infA)$ と書きます. 例えば $X = \mathbb{R}$ を通常の数の大小関係で順序集合と考えて, $A = (0,1) = \{x \in \mathbb{R} | 0 < x < 1\} \subset \mathbb{R}$ とすると $supA = 1, \quad infA = 0$, $maxA$ と $minA$ は存在しません.
つぎに普通の大小関係とは異なる順序の例をあげます.
自然数全体の集合 $\mathbb{N}$ に普通の大小関係とは異なる大小関係 (順序) を導入します.
自然数 m, n に対して n が m を割り切る ($n|m$ と書く) とき $n \leqq m$ と定めます. これは $\mathbb{N}$ における順序となります. 全順序にはなりません.
例えば, この順序で $3 \leq 6$ ですが $3 \leqq 5$ ではありません.(普通の順序では $3 \leqq 5$ です.)
また, この順序では $3 \leqq 5$ でも $5 \leqq 3$ でもないので, 3 と 5 はこの順序では比較できません. 全順序でないということです.
素数は自分自身と 1 以外に約数をもたない整数ですので上に定義した普通と異なる順序ではどの素数をとってもそれより小さい数は 1 以外存在しないことになります.
一般に順序集合 X において, どの元に対してもその元より真に大きい (小さい)X の元が存在しないとき極大元 (極小元) といいますが, $\mathbb{N} - \{1\}$ には普通と異なるこの順序では極大元はありません, 最大元、最小元もありません. また, 素数は無限に存在する (有限とすると矛盾がでる) ので上に述べてきたことから, この順序では極小元は無限に存在することになります.

1.6 距離

集合 X に, 元についての近さ, 遠さの分かる構造を入れることを考えます.
まず, 実数全体の集合 $\mathbb{R}$ には四則演算と絶対値の概念がありますので, $\mathbb{R}$ の元 a, b に対して $|a - b|$ を a と b の距離と定めます.
すると, 例えば $a, b, c \in \mathbb{R}$ に対して $|b - a| < |c - a|$ のとき a を基準にして b の方が c より a に近いことになります.
この数の絶対値 $|\cdot|$ では

・ $|a| \geqq 0, \quad a = 0 \Leftrightarrow |a| = 0.$

・ $|a-b| = |b-a|$

・ $|a-b| + |b-c| \geqq |a-c|$

が成り立ちます.

さらに, $\mathbb{R}^n = \{(a_1, a_2, \ldots, a_n) | a_i \in \mathbb{R}, i = 1, 2, \ldots, n\}$ の任意の元

$a = (a_1, \ldots a_n), \quad b = (b_1, \ldots b_n) \in \mathbb{R}^n$ 　に対して,

$$d(a,b) := \sqrt{\sum_{i=1}^{n} (a_i - b_i)^2}$$

として $\mathbb{R}^n$ に a, b の距離 $d(a,b)$ を定義します. この $d(a,b)$ がつぎの (1),(2),(3) を満たすことが分かります.

$a, b, c \in \mathbb{R}^n$ 　に対して

(1) $d(a,b) \geqq 0, \quad d(a,b) = 0 \Leftrightarrow a = b$

(2) $d(a,b) = d(b,a)$

(3) $d(a,c) \leqq d(a,b) + d(b,c)$

(3) を示します.

$a_i - b_i = x_i, \quad b_i - c_i = y_i \ (i = 1, 2, \ldots n)$ とおくと, (3) 式は

$$\sqrt{\sum_{i=1}^{n} (x_i + y_i)^2} \leqq \sqrt{\sum_{i=1}^{n} {x_i}^2} + \sqrt{\sum_{i=1}^{n} {y_i}^2}$$

となり両辺を 2 乗してさらに変形して

$$\sum_{i=1}^{n} x_i y_i \leqq \sqrt{\sum_{i=1}^{n} {x_i}^2} \sqrt{\sum_{i=1}^{n} y_i^2}$$

を示せばよいことがになりますが, これはシュワルツの不等式として知られています.

念のため, シュワルツの不等式はつぎのようにして示せます.

t を実数として $\displaystyle\sum_{i=1}^{n} (x_i t + y_i)^2 \geqq 0$ なので

$$(\sum_{i=1}^{n} x_i^2) t^2 + 2(\sum_{i=1}^{n} x_i y_i) t + \sum_{i=1}^{n} y_i^2 \geqq 0$$

t の 2 次式とみて

$$\frac{D}{4} = (\sum_{i=1}^{n} x_i y_i)^2 - (\sum_{i=1}^{n} {x_i}^2)(\sum_{i=1}^{n} {y_i}^2) \leqq 0$$

ゆえに

$$(\sum_{i=1}^{n} x_i y_i)^2 \leqq (\sum_{i=1}^{n} {x_i}^2)(\sum_{i=1}^{n} {y_i}^2)$$

上のように $\mathbb{R}^n$ に定義した距離をユークリッド距離いい, ユークリッド距離が定義された $\mathbb{R}^n$ を n 次元ユークリッド空間といいます.

$n = 2$ のとき, $a = (a_1, a_2), b = (b_1, b_2) \in \mathbb{R}^2$ に対して

$$d(a, b) = \sqrt{(a_1 - b_1)^2 + (a_2 - b_2)^2}$$

で $d(a, b)$ が平面 $\mathbb{R}^2$ 上の 2 点 a, b の距離であることは 2 点 $A(a_1, a_2), B(b_1, b_2)$ を結ぶ線分 AB の長さとしてピタゴラスの定理から承知のことです.

また (3) は三角形の 2 辺の和は他の 1 辺より大きいということに当たるので三角不等式といわれます.

今までは数の集合に距離を定義したのでしたが, これから一般の集合 X に距離 (distance) を定義することを考えます.

それには数の集合 (実数の順序対の集合) である $\mathbb{R}^n$ の距離のもっていた性質に着目して (逆手にとって)

集合 X の任意の元 a, b, c に対して

(1)　$d(a, b) \geqq 0, \quad d(a, b) = 0 \Leftrightarrow a = b$

(2)　$d(a, b) = d(b, a)$

(3)　$d(a, c) \leqq d(a, b) + d(b, c)$

が成り立つとき d を X の距離 (関数), $d(a, b) \in \mathbb{R}$ を a と b の距離といいます.

写像のことばでいえば, 写像 $d : X \times X \to \mathbb{R}$ が上の (1),(2),(3) の 3 つの条件を満たすとき d を X の距離 (関数) ということです.

距離 d の定まった集合 X を距離空間といいます.(X, d) と書きます. 単に X とも書きます.

集合としては同じ X でも距離が違えば距離空間としては違います. 後で述べる距離同値の意味で同じとみることはありますが. なお (1),(2),(3) の条件のうち「$d(a, b) = 0 \Rightarrow a = b$」のみ (他は成り立ち) は成り立たないときは擬距離といいます.

距離空間の例をあげます.

例. 集合 X 上の有界実数値関数の全体 $\mathcal{B}(X,\mathbb{R})=\{f:X\to\mathbb{R}$ 有界 $\}$ に

$f,g\in\mathcal{B}\ (X,\mathbb{R})$ に対して

$$d(f,g)=\sup_{x\in X}|f(x)-g(x)|$$

とおくと $d(f,g)$ は距離の公理 (1),(2),(3) を満たし, $\mathcal{B}(X,\mathbb{R})$ 上の距離を定義します.

例. 集合 X の任意の 2 元 x,y に対して

$$d(x,y)=\begin{cases}0 & (x=y)\\ 1 & (x\neq y)\end{cases}$$

とおくと d は X の距離となります. この d を自明な距離といいます.

距離空間 X では近づく, 遠ざかるという概念が定まります.

すなわち X の点列 $\{a_n\}$ が $a\in X$ に収束するとは

$n\to\infty$ のとき a_n が a に近づく, すなわち $d(a_n,a)\to 0$ のことで

$$a_n\to\ a \text{ または } \lim_{n\to\infty}a_n=a$$

と書き a を点列 $\{a_n\}$ の極限といいます.

X に距離 d と d' が定義されているとき, X の点列 $\{a_n\}$ に対して $n\to\infty$ のとき

$d(a_n,a)\to 0$ ならば $d'(a_n,a)\to 0$, かつ $d'(a_n,a)\to 0$ ならば $d(a_n,a)\to 0$

が成り立つとき距離空間 (X,d) と距離空間 (X,d') は距離同値といいます.

例えば $\mathbb{R}^2$ につぎのように距離 d,d' を定義します.

$a=(a_1,a_2),b=(b_1,b_2)\in\mathbb{R}^2$ に対して

$d(a,b)=\sqrt{(a_1-b_1)^2+(a_2-b_2)^2}$

$d'(a,b)=\max\{|a_1-b_1|,|a_2-b_2|\}$ 　 ($\max$ は $|a_1-b_1|$ と $|a_2-b_2|$ の大きい方)

このとき $(\mathbb{R}^2,d)$ と $(\mathbb{R}^2,d')$ は距離同値です.

なぜなら,$d'(a,b)\leqq d(a,b)\leqq\sqrt{2}d'(a,b)$ が成り立つからです.

距離空間 X の点列 $\{a_n\}$ に対して $\lim_{n\to\infty}a_n=a$ とは

$n\to\infty$ のとき $d(a_n,a)\to 0$ のことでしたが, このことは a のどんな近くにも n が十分大なら a_n が入ることで, くわしくは

任意の $\epsilon>0$ に対して, ある十分大きな自然数 N がとれて, $n>N$ なら $d(a_n,a)<\epsilon$ となることをいいます. いま

$$U_\epsilon(a)=\{x\in X\mid d(x,a)<\epsilon\}$$

と書き a の ϵ 近傍といいますが, $d(a_n, a) < \epsilon$ は $a_n \in U_\epsilon(a)$ を意味し,
$a_n \to a$ とは, 任意の $\epsilon > 0$ に対して十分大きな自然数 N がとれて $n > N$ なら $a_n \in U_\epsilon(a)$ が成り立つことです.
このことを簡単に

$$\forall \epsilon > 0, \exists N; n > N \Rightarrow a_n \in U_\epsilon(a)$$

と書きます.
X を距離空間とする. $a \in X, \epsilon > 0$ に対して a の ϵ 近傍 $U_\epsilon(a)$ は X がユークリッド空間 $\mathbb{R}$ のときは開区間 $(a-\epsilon, a+\epsilon)$ を, $\mathbb{R}^2$ のときは $a = (a_1, a_2)$ 中心, 半径 ϵ の開円板 $(x-a_1)^2 + (y-a_2)^2 < \epsilon^2$ を意味します.
$\{a_n\}$ が a に収束すれば十分大きな m, n に対して

$$\lim_{m\to\infty, n\to\infty} d(a_m, a_n) = 0$$

が成り立ちます.
なぜなら, $n, m \to \infty$ のとき $d(a_n, a) \to 0, d(a_m, a) \to 0$ ですので
$d(a_m, a_n) \leqq d(a_m, a) + d(a, a_n)$ より
$m, n \to \infty$ のとき右辺 $\to 0$ なので $d(a_m, a_n) \to 0$ となります.
一般に $m, n \to \infty$ のとき $d(a_m, a_n) \to 0$ なる点列 $\{a_n\}$ はコーシー列といわれます.
上記は「$\{a_n\}$ が収束列ならば $\{a_n\}$ はコーシー列である.」ことを言っています.
この逆は一般には成り立ちません.(ユークリッド空間では成り立ちますが)
この逆が成り立つ距離空間 X, すなわち X の任意のコーシー列が X の点に収束するとき X を完備な距離空間といいます.
ユークリッド空間 $\mathbb{R}^n$ は完備な距離空間です.
このことは実数のもつ性質から分かるのですがここではふれません.
A を距離空間 X の部分集合とします.
A の任意の点 $a, b \in A$ に対して

$$diam A = \sup\{d(a, b) | a \in A, b \in B\}$$

と記し A の直径 (diameter) といいます. $diam A < \infty$ なる集合 A は有界集合といわれます.
有界集合 A は十分大きな $R > 0$ をとると $A \subset U_R(x_0)$ とできる集合といってよいのです. ここで $U_R(x_0)$ は $x_0 \in X$ を任意に固定して $U_R(x_0) = \{x \in X | d(x_0, x) < R\}$

のことです．

距離空間 X の部分集合を A とします．各点 $a \in A$ に対して適当な $\epsilon > 0$ （a によって変わってもよい）をとると $U_\epsilon(a) \subset A$ とできるとき，A を X の開集合 (open set) といいます．

このとき a を A の内点といいます．すなわち A が開集合とは A の各点が A の内点になっていることです．

A の内点全体を A° と書き A の内部 (開核) といいます．

すると「A が開集合 $\Leftrightarrow A^\circ = A$」です．

全体 X は開集合です．空集合も開集合です．

Λ を任意の集合として，任意の $\lambda \in \Lambda$ に対して A_λ が開集合ならば $\cup_\lambda A_\lambda$ は開集合．

なぜなら，任意の $x \in \cup_{\lambda\in\Lambda} A_\lambda$ に対してある $\lambda_0 \in \Lambda$ が存在して $x \in A_{\lambda_0}$．すると A_{λ_0} は開集合なので $U_\epsilon(x) \subset A_{\lambda_0}$ なる $\epsilon > 0$ が存在します．$A_{\lambda_0} \subset \cup_{\lambda\in\Lambda} A_\lambda$ なので $U_\epsilon(x) \subset \cup_{\lambda\in\Lambda} A_\lambda$ ゆえに $\cup_{\lambda\in\Lambda} A_\lambda$ は開集合です．

また，A_1, A_2 が開集合ならば $A_1 \cap A_2$ も開集合です．

なぜなら，任意の $x \in A_1 \cap A_2$ に対して $x \in A_1$ かつ $x \in A_2$．A_1 が開集合より $U_{\epsilon_1}(x) \subset A_1$ なる ϵ_1 が存在します．また A_2 は開集合より $U_{\epsilon_2}(x) \subset A_2$ なる ϵ_2 が存在します．ϵ_1 と ϵ_2 の小さい方を ϵ とすると $U_\epsilon(x) \subset A_1 \cap A_2$．ゆえに $A_1 \cap A_2$ は開集合です．

$A^c = X - A$ が開集合のとき A を X の閉集合 (closed set) といいます．

A^c の内点を A の外点，A の内点でも外点でもない点を A の境界点といい，A の境界点全体を ∂A と書き，A の境界 (boundary) といいます．すなわち「x が A の境界点であるための必要十分条件は x のどんな ϵ 近傍 $U_\epsilon(x)$ も A とも A^c とも交わる」ということです．記号を用いて表せば

$$x \in \partial A \Leftrightarrow \forall\epsilon > 0; U_\epsilon(x) \cap A \neq \emptyset \text{ かつ } U_\epsilon(x) \cap A^c \neq \emptyset$$

また，$A^\circ \cup \partial A$ を $\overline{A}$ と書き A の閉包といい，$\overline{A}$ の元を A の触点といいます．

$a \in X$ の任意の ϵ 近傍 $U_\epsilon(a)$ に対して $U_\epsilon(a) \cap (A - \{a\}) \neq \emptyset$ が成り立つとき，すなわち a の任意の ϵ 近傍が a 以外の A の点を含むとき a を A の集積点といいます．

A の集積点全体の集合を A' とすると

$$\overline{A} = A \cup A'$$

です. すると, $a \in \bar{A}$ とは $\forall\epsilon > 0$ に対して $U_\epsilon(a) \cap A \neq \emptyset$ が成り立つことといってもよいことになります.

$$A\text{ が閉集合} \Leftrightarrow \overline{A} = A$$

が成り立ちます.

1.7 位相

さて, 距離空間 X の開集合はつぎの性質をもっていました.

・全体 X と空集合 $\emptyset$ は開集合

・開集合の任意の (無限でもよい) 和集合は開集合

・開集合の 2 つの (従って有限個の) 共通部分は開集合

そこで, この開集合のもつ性質に着目して一般の集合 X に X の部分集合の族 $\mathcal{O}$ をつぎの条件 (開集合の公理) を満たすように定めます.

(1) $X, \emptyset \in \mathcal{O}$

(2) Λ を任意の集合として, 任意の $\lambda \in \Lambda$ に対して $A_\lambda \in \mathcal{O}$ なら $\cup_{\lambda\in\Lambda} A_\lambda \in \mathcal{O}$

(3) $A_1, A_2 \in \mathcal{O}$ なら $A_1 \cap A_2 \in \mathcal{O}$

このとき, $\mathcal{O}$ により集合 X に位相 (topology) が定まったといい $\mathcal{O}$ を X の開集合族, $\mathcal{O}$ の元を X の開集合といいます.

位相の定まった集合 X を位相空間といいます. 位相を定める開集合 $\mathcal{O}$ を明示するときは $(X, \mathcal{O})$ と書きます.

位相空間の例をあげます.

距離空間 X は位相空間です. なぜなら, $\mathcal{O}$ をつぎのように定めれば (1),(2),(3) の条件 (開集合の公理) を満たすからです.

$$\mathcal{O} = \{O \mid O \subset X, \forall x \in O, \exists\epsilon > 0 s.t. U_\epsilon(x) \subset O\}$$

ここで

$$U_\epsilon(x) = \{y \in X \mid d(x, y) < \epsilon\}$$

は x の ϵ 近傍です.

すなわち, 距離空間 X の部分集合 O が開集合とは O の各点 x に対して適当に $\epsilon > 0$ をとると (x によって変わってもよい) x の ϵ 近傍 $U_\epsilon(x)$ で O に含まれるものが存在するということです.

X には距離 d が定まっているので ϵ 近傍という概念があり上の定義が可能ということになります.
また, 任意の集合 X に $\mathcal{O}=\mathfrak{P}(X)$ と定めると $\mathcal{O}$ は X に位相を定めます. すなわち,X のすべての部分集合が開集合と定めた位相空間 X です. この位相空間を離散 (位相) 空間 (discrete topological space) といいます.
また, 集合 X に $\mathcal{O}=\{\emptyset, X\}$ すなわち, 空集合 $\emptyset$ と全体集合 X のみが X の開集合と定めた位相空間を密着位相空間といいます.
今一つ, 位相空間の例をあげます. 2 つの元 a, b から成る集合 $X=\{a, b\}$ には以下の 4 つの位相が入ります.
$\mathcal{O}_1=\{\emptyset, X\}, \quad \mathcal{O}_2=\{\emptyset,\{a\}, X\}, \quad \mathcal{O}_3=\{\emptyset,\{b\}, X\}, \quad \mathcal{O}_4=\{\emptyset,\{a\},\{b\}, X\}$.
位相空間 $(X, \mathcal{O}_2)$ と $(X, \mathcal{O}_3)$ は集合としては同じ X ですが位相空間としては違います. しかし, 後に述べるように位相同型 (同相) になります.
3 個の元から成る集合 $X=\{a, b, c\}$ には 29 通りの位相が入りますが, ここではそれ等を列挙しません. ただ, つぎのことを注意しておきます.

$$\mathcal{O}=\{\emptyset,\{a\},\{b\},\{a, b\}, X\}$$

は X の位相を定めますが,

$$\mathcal{O}=\{\emptyset,\{a\},\{c\},\{a, b\}, X\}$$

は X の位相を定めません. なぜなら, $\{a\},\{c\} \in \mathcal{O}$ ですが $\{a\} \cup\{c\}=\{a, c\} \notin \mathcal{O}$ なので開集合の公理 (2) が成り立たないからです.
位相空間 X の部分集合 A に対して A が閉集合とは A^c が開集合ことと定義します.
また, A の内部 A°, A の境界 ∂A, A の閉包 $\overline{A}$ は X が距離空間のときの $x \in X$ の ϵ 近傍 $U_\epsilon(x)$ を x を含む開集合 O (x の近傍という) で置き換えてそれぞれの定義とします. A° は A に含まれる最大の開集合です. $\overline{A}$ は A を含む最小の閉集合です.
$\partial A=\overline{A}-A^{\circ}$ が成り立ちます.
X, Y を位相空間とします. X から Y への写像 $f: X \rightarrow Y$ が連続 (continuous) とは Y の任意の開集合 O の f による逆像 $f^{-1}(O)$ が X の開集合であることと定義します.
$f: X \rightarrow Y$ が全単射で連続かつ f の逆写像 f^{-1} も連続のとき f を位相同型写像 (同相写像) といい, X から Y への同相写像が存在するとき X と Y は位相同型とか同相といい,

$$X \cong Y$$

と書きます.
この"同相"という概念は位相空間の間の同値関係になりますので位相空間を"同相"という同値関係で分類することができるのです.
ちなみに, 先に述べた位相空間 $(X, \mathcal{O}_2)$ と位相空間 $(X, \mathcal{O}_3)$ ここで

$$X = \{a, b\}, \quad \mathcal{O}_2 = \{\emptyset, \{a\}, X\}, \quad \mathcal{O}_3 = \{\emptyset, \{b\}, X\}$$

は $f(a) = b, \quad f(b) = a$ と定めた写像 $f : X \to X$ が同相写像なので位相同型です.
すなわち

$$(X, \mathcal{O}_2) \cong (X, \mathcal{O}_3)$$

X を位相空間, $\mathcal{O}_X$ を X の開集合族とするとき, X の部分集合 A $(A \subset X)$ に

$$\mathcal{O}_A = \{O \cap A | O \in \mathcal{O}_X\}$$

として位相を入れることができます. すなわち A の開集合とは X の開集合と A との共通部分と定めるのです. この位相を A の相対位相 (relative topology) といいます.
$\mathcal{O}_A$ が A の位相を定めることを確かめてください. この相対位相を入れた位相空間 X の部分集合を X の部分 (位相) 空間といいます.
位相空間 X の部分空間 A の部分集合 B は X の開集合ならば A の開集合です.
なぜなら $B \subset A \subset X$ なので $B = B \cap A$ と書けます. 右辺の B は仮定より X の開集合なので部分空間の定義より左辺の B は A の開集合になります. 一方 B が A の開集合であっても X の開集合とは限りません.
しかし, A が X の開集合であれば B は X の開集合にもなります.
なぜなら, $B = O \cap A$, O は X の開集合と書けますが, 仮定より右辺の A は X の開集合なので $B = O \cap A$ も X の開集合です.
つぎに位相の強, 弱について述べます.
集合 X に位相を定める開集合族を $\mathcal{O}_1, \mathcal{O}_2$ とします. 簡単に $\mathcal{O}_1, \mathcal{O}_2$ を X の位相ということもあります. X の位相 $\mathcal{O}_1, \mathcal{O}_2$ について $\mathcal{O}_1 \subset \mathcal{O}_2$ のとき $\mathcal{O}_2$ は $\mathcal{O}_1$ より強い位相, $\mathcal{O}_1$ は $\mathcal{O}_2$ より弱い位相といいます. すると, どんな集合 X でも離散位相 $\mathcal{O} = \mathfrak{P}(X)$ が最も強く, 密着位相 $\mathcal{O} = \{\emptyset, X\}$ が最も弱い位相です.
さて, 集合 X から位相空間 Y への写像 $f : X \to Y$ が与えられたとき, 与えられた位相空間 Y の位相 $\mathcal{O}_Y$ を用いて集合 X に

$$\mathcal{O}_X = \{f^{-1}(O) | O \in \mathcal{O}_Y\}$$

と定めると $\mathcal{O}_X$ は開集合の公理をみたし X に位相を導入することができます. しかも, この位相に関して f は連続となり, f が連続となるような X の位相のうち最も弱い位相であることが分かります.
この X の位相 $\mathcal{O}_X$ は与えられた Y の位相 $\mathcal{O}_Y$ から f によって誘導された X の位相 (induced topology) といわれます.
前に述べた位相空間 X の部分集合 A の相対位相 $\mathcal{O}_A$ は任意の $x \in A$ 対して $\iota(x) = x$ と定義した $\iota : A \to X$ なる包含写像 ι によって誘導された A の位相といってよいことになります. なぜなら, $\iota^{-1}(O) = O \cap A$ だからです.
これとは逆に, 位相空間 X と集合 Y, X から Y への写像 $f : X \to Y$ が与えられたとき, 与えられた X の位相 $\mathcal{O}_X$ を用いて, Y の位相 $\mathcal{O}_Y$ を

$$\mathcal{O}_Y = \{O \subset Y | f^{-1}(O) \in \mathcal{O}_X\}$$

と定義すると, $\mathcal{O}_Y$ は Y に位相を定めることが分かります.
このことを示します. $\mathcal{O}_Y$ が開集合の公理を満たすことを示すのです.
$f^{-1}(\emptyset) = \emptyset \in \mathcal{O}_X$ なので $\emptyset \in \mathcal{O}_Y$
　$f^{-1}(Y) = X \in \mathcal{O}_X$ なので $Y \in \mathcal{O}_Y$
任意の $\lambda \in \Lambda$ に対して $O_\lambda \in \mathcal{O}_Y$ とすれば $f^{-1}(O_\lambda) \in \mathcal{O}_X$ で $\mathcal{O}_X$ は X の位相ですので $\cup_{\lambda\in\Lambda} f^{-1}(O_\lambda) \in \mathcal{O}_X$

$$f^{-1}(\cup_{\lambda\in\Lambda} O_\lambda) = \cup_{\lambda\in\Lambda} f^{-1}(O_\lambda) \in \mathcal{O}_X$$

ゆえに $\cup_{\lambda\in\Lambda} O_\lambda \in \mathcal{O}_Y$
　$O_1, O_2 \in \mathcal{O}_Y$ なら $f^{-1}(O_1), f^{-1}(O_2) \in \mathcal{O}_X$ で $\mathcal{O}_X$ は X の位相なので $f^{-1}(O_1) \cap f^{-1}(O_2) \in \mathcal{O}_X$

$$f^{-1}(O_1 \cap O_2) = f^{-1}(O_1) \cap f^{-1}(O_2) \in \mathcal{O}_X$$

ゆえに $O_1 \cap O_2 \in \mathcal{O}_Y$
このように定義した位相 $\mathcal{O}_Y$ は X の位相 $\mathcal{O}_X$ から写像 $f : X \to Y$ によって誘導された Y の位相といいます.
上で定義した Y の位相 $\mathcal{O}_Y$ は $f : X \to Y$ を連続にする Y の位相のうち最も強い位相です.
X を位相空間とする. X の点列 $\{a_n\}$,$a_n \in X$ $n = 1, 2, \ldots$ が X の点 a に収束する

とは, a を含む任意の開集合 O に対して十分大きな自然数 N があって $n > N$ なら $a_n \in O$ となることをいいます. このことを

$$\forall O \ni a, \exists N; n > N \Rightarrow a_n \in O$$

と書きます.
距離空間 (X, d) では X の点列 $\{a_n\}$ が収束すれば極限はただ 1 つです.
実際, $a_n \to a, a_n \to b$, $(n \to \infty)$ として $d(a,b) \leqq d(a,a_n) + d(a_n,b)$ より $n \to \infty$ のとき右辺 $\to 0$ よつて $d(a,b) = 0$. ゆえに $a = b$ と分かります. しかし, 一般の位相空間では収束しても極限はただ 1 つということは一般に成り立ちません.
例えば, 密着位相空間 X すなわち X の開集合は空集合と全体のみと決めた位相空間では, 空でない開集合は全体 X だけですので, X の任意の点列は収束してすべての点に収束します. すなわち極限は 1 つとは限りません.
そこで, 位相空間 X の点列 $\{a_n\}$ が収束すれば極限はただ 1 つという条件 (公理) を位相空間 X につけることを考えます. これがハウスドルフの分離公理といわれるもので, つぎのことです.
「X の任意の異なる 2 点 a, b に対して a の近傍 (a を含む開集合) と b の近傍 (b を含む開集合) で交わらないものがとれる」 この分離公理を満たす位相空間はハウスドルフ空間といわれます。
「ハウスドルフ空間 X の点列 $\{a_n\}$ が収束すれば極限はただ 1 つ.」
なぜなら, $a_n \to a, a_n \to b$, $a \neq b$ $(n \to \infty)$ とすると
X はハウスドルフなので, a の近傍 U, b の近傍 V で $U \cap V = \emptyset$ となる U, V がとれます.
$a_n \to a$ より $\exists N_1; n > N_1 \Rightarrow a_n \in U$
$a_n \to b$ より $\exists N_2; n > N_2 \Rightarrow a_n \in V$
$N = \max\{N_1, N_2\}$,(N_1 と N_2 の大きい方) とおけば $n > N \Rightarrow a_n \in U \cap V$
すなわち $U \cap V \neq \emptyset$ これは矛盾です. よって, $a = b$ となり極限はただ 1 つであることが分かります.
ハウスドルフの分離公理より強い条件 (公理) を付加した正則空間, 正規空間などがあります.
これらは定理を成り立たせるために考えられた条件 (公理) なのです. このことについてはふれませんが, ただつぎのことだけ述べておきます.
位相空間 X の相異なる 2 点 a, b に対して a を含む開集合で b を含まないもの, およ

び b を含む開集合で a を含まないものが存在し, さらに位相空間 X の交わらない任意の閉集合 F_1, F_2 $(F_1 \cap F_2 = \emptyset)$ が与えられたとき F_1 を含む開集合 U と F_2 を含む開集合 V で $U \cap V = \emptyset$ となる U, V が存在するとき位相空間 X は正規空間といわれます.
正規空間 X ではつぎが成り立ちます.
「F_1,F_2 は正規空間 X の閉集合で $F_1 \cap F_2 = \emptyset$ なら F_1 上 1 F_2 上 0 をとり X 上 0 と 1 の間の値をとる X 上の連続な関数が存在する.」ウリゾーンの補題といわれます.
また,「正規空間 X の閉集合 F と F 上の連続関数 f が与えられたとき X 上の連続関数 $\tilde{f}$ で $\tilde{f}|_F = f$ すなわち $\tilde{f}(x) = f(x)\ \forall x \in F$ なる $\tilde{f}$ が存在する.」すなわち F 上の連続関数 f が全体 X に連続に拡張できるのです. これをチイツェの拡張定理といいます. その証明にはふれません.
つぎに重要なコンパクト性について述べます. 位相空間 X がコンパクト (compact) とは X の任意の開被覆

$$\{U_\lambda\}_{\lambda \in \Lambda} \quad (X = \cup_{\lambda \in \Lambda} U_\lambda \quad U_\lambda \text{は} X \text{の開集合})$$

に対して適当な有限部分開被覆が存在すること, すなわち有限個の

$$\lambda_1, \lambda_2, \ldots, \lambda_n \in \Lambda$$

を選んで

$$X = U_{\lambda_1} \cup \cdots \cup U_{\lambda_n}$$

とできることです.
$A \subset X$ が X のコンパクト部分集合とは A を部分位相空間とみて上の意味でコンパクトのことですが, つぎのようにいってもいいことが分かります.
すなわち $A \subset \cup_{\lambda \in \Lambda} U_\lambda$ (U_λ は X の開集合) ならば適当な有限個の

$$\lambda_1, \ldots, \lambda_n \in \Lambda$$

を選んで

$$A \subset U_{\lambda_1} \cup \cdots \cup U_{\lambda_n}$$

とできることです.
「X, Y を位相空間, A を X のコンパクト部分集合, $f : X \to Y$ を連続写像とする. このとき $f(A)$ は Y のコンパクト部分集合になる.」これを示します.

$f(A) \subset \cup_{\lambda \in \Lambda} O_\lambda$, ここで任意の $\lambda \in \Lambda$ に対して O_λ は Y の開集合とします. すると $A \subset \cup_{\lambda \in \Lambda} f^{-1}(O_\lambda)$ となり, f が連続なので $f^{-1}(O_\lambda)$ は X の開集合となり, A は X のコンパクト部分集合なので有限個の

$$\lambda_1, \ldots, \lambda_n \in \Lambda$$

が存在して

$$A \subset f^{-1}(O_{\lambda_1}) \cup \cdots \cup f^{-1}(O_{\lambda_n})$$

とできます. ゆえに

$$f(A) \subset O_{\lambda_1} \cup \cdots \cup O_{\lambda_n}$$

となり $f(A)$ は Y のコンパクト部分集合です.

上に述べたことから "コンパクト性" は位相的性質 (topological property), すなわち同相写像で保たれる (不変) 性質であることが分かります.

「コンパクト位相空間 X の閉集合 A はコンパクト」です.

なぜなら, $A \subset X$ で A^c は X の開集合なので

$A \subset \cup_{\lambda \in \Lambda} U_\lambda$ ($\forall \lambda \in \Lambda$ に対して U_λ は X の開集合) とすると

$$X = A \cup A^c \subset \cup_{\lambda \in \Lambda} U_\lambda \cup A^c$$

$X = A \cup A^c$ はコンパクトなので適当な有限個の

$$\lambda_1, \ldots, \lambda_n \in \Lambda$$

をとって

$$X = U_{\lambda_1} \cup \ldots U_{\lambda_n} \cup A^c$$

$$A \cup A^c = U_{\lambda_1} \cup \cdots \cup U_{\lambda_n} \cup A^c$$

ゆえに

$$A \subset U_{\lambda_1} \cup \cdots \cup U_{\lambda_n}$$

すなわち A は X のコンパクト部分集合になります.

逆に「ハウスドルフ空間 X のコンパクト部分集合 A は X の閉集合」です. これを証明します. A^c が X の開集合であることを示せばよいので $x \in A^c$ を任意にとります. また $y \in A$ を任意にとります. すると $x \neq y$ で X がハウスドルフ空間なので

$$x \in U_y(x), \quad y \in V_x(y), \quad U_y(x) \cap V_x(y) = \emptyset$$

なる x を含む開集合 $U_y(x)$ と y を含む開集合 $V_x(y)$ がとれます.
$A \subset \cup_{y \in A} V_x(y)$ で A は X のコンパクト部分集合なので適当に有限個の

$$y_1, \ldots, y_n \in A$$

を選んで

$$A \subset V_x(y_1) \cup \ldots V_x(y_n)$$

とできます. 各 $V_x(y_i), i = 1, \ldots n$ に対して $U_{y_i}(x) \cap V_x(y_i) = \emptyset$ なる x を含む開集合 $U_{y_i}(x)$ をとり

$$U(x) = U_{y_1}(x) \cap U_{y_2}(x) \cap \cdots \cap U_{y_n}(x)$$

とおけば $U(x)$ は x を含む開集合 $x \in U(x)$ で, $U(x) \cap A = \emptyset$. すなわち $U(x) \subset A^c$ となり A^c は X の開集合です.
X がハウスドルフをおとした単なる位相空間では成り立たないことに注意します.
距離空間 (X, d) の場合はコンパクト性は点列コンパクト性 (X の任意の点列は収束部分列をもつ) と同値です. また“完備かつ全有界”とも同値です. ここで, 距離空間 X が全有界とは任意の $\epsilon > 0$ に対して適当な有限個の点 $x_1, x_2, \ldots, x_n \in X$ をとり

$$X = U_\epsilon(x_1) \cup \ldots U_\epsilon(x_n)$$

とできることです. ここで, $U_\epsilon(x_i) = \{x \in X | d(x, x_i) < \epsilon\} (i = 1, 2, \ldots n)$
「ユークリッド空間 $\mathbb{R}^n$ では部分集合が有界閉集合であることとコンパクトであることは同値」です. むしろ位相空間のコンパクト性はこのユークリッド空間 $\mathbb{R}^n$ の有界閉集合のもつ性質を抽象化した概念なのです.
コンパクト位相空間 X で定義された実数値連続関数は X で最大値, 最小値をとる.
コンパクト位相空間の直積はコンパクトとなる (チコノフの定理).
ユークリッド空間 $\mathbb{R}^n$ はコンパクトではないが $\mathbb{R}^n$ の各点 x に対してコンパクトな近傍 $\overline{U}$(閉球) がとれます.
一般に位相空間 X の各点 x に対して x の近傍 $U(x)$ で $\overline{U(x)}$ がコンパクトなものがとれるとき X は局所コンパクト (locally compact) といいます. この言葉でいえばユークリッド空間 $\mathbb{R}^n$ は局所コンパクトということです.
局所コンパクト, ハウスドルフ空間 $(X, \mathcal{O})$ に対し X に属さないただ 1 つの点 (それを ∞ と表わす) を X に付け加えて

$$X^* = X \cup \{\infty\}, \quad \infty \notin X$$

$$\mathcal{O}^* = \mathcal{O} \cup \{O | X^* - O \text{ が } X \text{ のコンパクト閉部分集合 }\}$$

として位相空間 $(X^\star, \mathcal{O}^*)$ をつぎを満たすようにつくることができます.
(i) $(X^*, \mathcal{O}^*)$ はハウスドルフかつコンパクト位相空間
(ii) X は X^* の部分空間すなわち X の位相は X^* の相対位相になっている
このとき X^* を X の 1 点コンパクト化といいます. この証明にはふれません.
つぎに位相空間 X の連結性について述べます.
位相空間 X が連結とは互いに交わらない空でない開集合の和と表わされないことをいいます. $O_1 \neq \emptyset,\quad O_2 \neq \emptyset$ なる開集合が存在して $X = O_1 \cup O_2,\quad O_1 \cap O_2 = \emptyset$ とならないことです. 別のいい方をすれば, X の開集合 O_1, O_2 があって $X = O_1 \cup O_2$, $O_1 \cap O_2 = \emptyset$ なら $O_1 = \emptyset$ または $O_2 = \emptyset$ となるとき X は連結というということです.
また位相空間 X が連結 (connected) とは X の開かつ閉集合は空集合 $\emptyset$ と全体 X のみであるということもできます. それは空 $\emptyset$ でも全体 X でもない開かつ閉集合があったとして, それを A とすれば A^c もそうであり, $X = A \cup A^c,\quad A \cap A^c = \emptyset$ なので X は連結でなくなるからです.
位相空間 X の部分集合 A が X の連結部分集合とは A を X の部分 (位相) 空間とみて, 先の意味で連結のことですが, つぎのように言ってよいことになります.

$$A \subset O_1 \cup O_2, \quad A \cap O_1 \cap O_2 = \emptyset, \quad O_1 \cap A \neq \emptyset, \quad O_2 \cap A \neq \emptyset$$

なる位相空間 X の開集合 O_1,O_2 は存在しないことです.
位相空間の連結性も位相的性質です. すなわち「X, Y を位相空間,$f : X \to Y$ を連続写像とする. このとき A が X の連結部分集合ならば $f(A)$ も Y の連結部分集合.」
このこと示します.
$f(A)$ が Y の連結部分集合でないとする. すなわち, Y の開集合 O_1,O_2 があって

$$\begin{aligned} f(A) &\subset O_1 \cup O_2 \\ f(A) \cap O_1 \cap O_2 &= \emptyset \\ f(A) \cap O_1 &\neq \emptyset \\ f(A) \cap O_2 &\neq \emptyset \end{aligned}$$

と表わせたとします．すると

$$\begin{aligned} A \subset f^{-1}(O_1) \cup f^{-1}(O_2) \\ A \cap f^{-1}(O_1) \cap f^{-1}(O_2) = \emptyset \\ A \cap f^{-1}(O_1) \neq \emptyset \\ A \cap f^{-1}(O_2) \neq \emptyset \end{aligned}$$

f が連続なので $f^{-1}(O_1), f^{-1}(O_2)$ は X の開集合，したがって A は X の連結部分集合でなくなり，A が連結であることに反します．よって $f(A)$ は Y の連結部分集合です．

証明ぬきでいくつか述べます．

互いに交わる連結部分集合の和集合は連結です．

すなわち $A_\lambda(\lambda \in \Lambda)$ が連結で $A_\lambda \cap A_\mu \neq \emptyset$ $(\lambda \neq \mu)$ なら $\cup_{\lambda\in\Lambda} A_\lambda$ も連結．

連結集合の直積集合も連結です．すなわち，

$A_\lambda(\lambda \in \Lambda)$ が連結なら $\Pi_{\lambda\in\Lambda} A_\lambda$ も連結．

$A \subset B \subset \overline{A}$ なる B は連結，特に $\overline{A}$ も連結です．

$a \in X$ を含む最大の連結集合 (a を含む連結集合すべての和集合) を a の連結成分といいます．各連結成分は閉集合で，一致するか共通部分がありません．

位相空間 X の任意の 2 点が X 内の曲線で結ばれる，すなわち任意の $x, y \in X$ に対して区間 $[a, b]$ から X への連続写像 $f : [a, b] \to X$ で $f(a) = x, f(b) = y$ となるものが存在するとき X は弧状連結といいます．$f([a, b])$ を X 内の a, b を結ぶ曲線ともいいます．このとき $[a, b]$ は連結 (証明が要ることですが) ですので $f([a, b]) \subset X$ も連結になります．このことから弧状連結なら連結．微分積分のところで述べた中間値の定理が得られます．

1.8 多様体

今まで述べたように位相空間上では関数が連続という概念が入りますが微分可能という概念は定義できません．そのことが可能になるには別の数学的構造が必要です．それは多様体 (manifold) と言われるもので一言でいえば局所的に座標が入った，すなわち局所的にユークリッド空間と同相な位相空間です．以下多様体について少し述べます．

M をハウスドルフ空間とする．M の開被覆 $\{U_\lambda\}_{\lambda\in\Lambda}$，$(M = \cup_{\lambda\in\Lambda} U_\lambda$，$U_\lambda$

は M の開集合) と各 U_λ から $\mathbb{R}^n$ の開集合 $\varphi(U_\lambda)$ への同相写像

$$\varphi_\lambda : U_\lambda \to \varphi_\lambda(U_\lambda)$$

が存在して, すべての $\lambda, \mu \in \Lambda$ に対して

$$\varphi_\mu \circ \varphi_\lambda^{-1} : \varphi_\lambda(U_\lambda \cap U_\mu) \to \varphi_\mu(U_\lambda \cap U_\mu)$$

が C^∞ 写像となるとき M は n 次元可微分多様体 (C^∞ 多様体) といいます. $\mathbb{R}^n$ を $\mathbb{C}^n$ に C^∞ 写像を正則写像とすれば複素多様体といいます. このとき $\{(U_\lambda, \phi_\lambda)\}$ を座標近傍系, $\varphi_\lambda(x)$ を $x \in U_\lambda$ の局所座標といいます.

$\mathbb{R}^n$ は $\{(\mathbb{R}^n, I_{\mathbb{R}^n})\}$ を座標近傍系として可微分多様体. $\mathbb{C}^n$ は $\mathbb{R}$ を $\mathbb{C}$ にかえて複素多様体になります. 射影空間など, いろいろ多様体が構成できますが, ここではふれません.

M を多様体, $\{(U_\lambda, \varphi_\lambda)\}$ を M の座標近傍系とする. N を M の開集合とする. $\{(U_\lambda \cap N, \varphi_\lambda | U_\lambda \cap N)\}$ を N の座標近傍系として N は多様体になります. この N を M の開部分多様体といいます.

X, Y を多様体とします. $\{(U_\lambda, \varphi_\lambda)\}$ を X の座標近傍系, $\{(V_\mu, \psi_\mu)\}$ を Y の座標近傍系とします. このとき X から Y への写像 $f : X \to Y$ が C^∞ 写像 (正則) であることを $U_\lambda \cap f^{-1}(V_\mu)$ で定義される写像

$$\psi_\mu \circ f \circ \varphi_\lambda^{-1} : \varphi_\lambda(U_\lambda \cap f^{-1}(V_\mu)) \to \psi_\mu(V_\mu)$$

が C^∞ 写像 (正則) であることと定義します. この定義のもとに座標 (局所座標) を用いて, 多様体 X 上の関数が微分可能 (正則) という概念が定義できて, 微積分が X 上で展開できることになります. 今まで示したように, $\mathbb{R}^n$ はユークリッド空間, ベクトル空間, 多様体といった数学的構造を合わせもっていました. このことを一般化して, いくつかの数学的構造を合わせもつ集合を考えます. 位相群 (群演算が連続), リー群 (群演算が C^∞ 写像) などがそれです. またリーマン多様体など計量 (metric) の定義された多様体があり, それぞれ研究されています.

2 数

2.1 実数

ものの個数を数えたり, 順番を付けるときに使う数 $1, 2, 3, \ldots,$ を自然数といいます. 厳密には自然数はペアノの公理で定義されますが, ここではふれません. 次に零 (0 と書く) の発見があります. インドで発見されたものでそのことにもここではふれません.
自然数全体の集合を $\mathbb{N}$ と記します. 自然数の加法 (足し算) は既知とします. 自然数と自然数を足すと自然数になります. 足す順序によりません. 自然数から自然数を引くと必ずしも自然数になるとは限りません. そこでいわゆる負の整数の導入が必要になります. 厳密な言い方ではありませんが 0 の前に -1, -1 の前に $-2, \ldots$ と限りなくつづきこれらを負の整数といいます.
自然数, 0, 負の整数を総称して整数といいます. 自然数を正の整数ともいいます. 整数全体の集合を $\mathbb{Z}$ と表わします. 整数と整数は足しても引いても掛けてもまた整数になります (このことをこれらの演算に関して閉じているといいます) が整数を 0 以外の整数で割ったときは必ずしも整数にはなりません. すなわち $\mathbb{Z}$ は後に述べる環をなします.
2 つの整数 m, n の比として表わされる数 $\dfrac{m}{n}$ $(n \neq 0)$ を有理数といいます.
整数 m と 0 でない整数 n の順序対の全体

$$\mathbb{Z} \times (\mathbb{Z} - \{0\}) = \{(m, n) | m \in \mathbb{Z}, n \in \mathbb{Z} - \{0\}\}$$

に次のように同値関係

$$(m, n) \sim (m', n') \Leftrightarrow mn' = nm'$$

を入れます.
$\sim$ は同値律 (反射律, 対称律, 推移律) をみたします.
ここでは推移律のみ示してみます.

$$(m, n) \sim (m', n') \Rightarrow mn' = nm'$$

$$(m', n') \sim (m'', n'') \Rightarrow m'n'' = n'm''$$

両式より $n' \neq 0, n'' \neq 0$ に注意して $mn'' = nm''$ ゆえに $(m,n) \sim (m'', n'')$.
この同値関係による (m,n) の同値類 $[(m,n)]$ を $\dfrac{m}{n}$ と書くと, この同値類が有理数を表します.
例えば $(1,2) \sim (2,4)$ で $[(1,2)] = [(2,4)] = \dfrac{1}{2} = \dfrac{2}{4}$ です.
有理数全体の集合を $\mathbb{Q}$ と表わします. 有理数は小数で表わすと有限小数か循環小数になります. 有限小数もあるところから 0 が続くと考えれば循環小数で表わされることになります. 逆に循環小数は分数で表わされます. すなわち有理数です.
有理数をもとに実数を定義して有理数でない実数を無理数といいます. 分数でない数 (循環しない無限小数) が無理数です.
$\sqrt{2}$ は無理数です.
なぜなら, $\sqrt{2}$ が分数で $\sqrt{2} = \dfrac{m}{n}$ (m と n は互いに素, すなわち m と n は公約数をもたない) と表わされたと仮定します. すると $2 = \dfrac{m^2}{n^2}$ から $2n^2 = m^2$. 左辺は偶数なので右辺も偶数, したがって m も偶数でなければならず $m = 2k$ と書けます. したがって $2n^2 = 4k^2 \quad n^2 = 2k^2$ となり同様に n も偶数でなければならず, m, n が互いに素ということに矛盾します. よって $\sqrt{2}$ は分数で表わされません. すなわち無理数です.
一般に a が平方数 (自然数の 2 乗) でなければ $\sqrt{a}$ は無理数です.
有理数と無理数を合わせたものが実数で, 実数全体の集合を $\mathbb{R}$ と表わします.
実数の厳密な定義には有理数のコーシー列によるカントールの方法と有理数の切断によるテデキントの方法がありますがここではふれません.
ただ実数の性質で大切なものを記しておきます.
実数全体 $\mathbb{R}$ には四則演算すなわち加法 (足し算), 減法 (引き算), 乗法 (掛け算), 除法 (割り算) が定義されています. 実数を足して, 引いても, かけても, 割っても (0 で割ることは除く) も実数になるということです.
特に以下は解析学 (微積分) で基礎となる性質です.

(1) 任意の正の数 a, b に対してある自然数 n が存在して $nb > a$ となる (アルキメデスの公理)

(2) 任意の $a, b \quad (a < b)$ に対して $a < c < b$ となる有理数 c が存在する (有理数の稠密性)

(3) 実数のコーシー列は必ず収束する. すなわち実数の極限をもつ (実数の完備性)
(4) 実数の全体の集合 $\mathbb{R}$ と直線上の点とは 1 対 1 に対応する
直線を実数の集合とみたとき数直線といいます. 数直線には実数がつまっていてすき

間はありません. (3) は有理数だけの世界では成り立ちません. すなわち有理数のコーシー列が有理数に収束するとは限りません. またどんな実数のどんな近くにも有理数が存在します. すなわち「任意の実数に対してそれに収束する有理数の数列が存在する」ことを注意しておきます. 上に述べた収束や極限のことについては微積分のところで扱っています.
べき乗について述べます.
a を 0 でない実数とする. n を自然数として a を n 回掛けて

$$a^n = aa\dots a$$

と定める. すると m, n を自然数として

$$a^m a^n = a^{m+n}$$

$m = 0$ としてみると $a^0 a^n = a^{0+n} = a^n$ よつて $a^0 = 1$. このことを踏まえて

$$a^0 = 1$$

と定める. また

$$\frac{a^m}{a^n} = a^{m-n}$$

$m = 0$ としてみると $\dfrac{a^0}{a^n} = a^{0-n}$, $\quad a^0 = 1$ より $\dfrac{1}{a^n} = a^{-n}$. 従って

$$a^{-n} = \frac{1}{a^n}$$

と定める.
$a > 0$ とする. $b^n = a$ となる b をとる. a の正の n 乗根は唯一つで $\sqrt[n]{a}$ または $a^{\frac{1}{n}}$ と書くので $b = \sqrt[n]{a}$, $\quad a^{\frac{m}{n}} = b^m$ と定める. すなわち

$$a^{\frac{m}{n}} = (\sqrt[n]{a})^m$$

と定める.
例えば

$$a^{\frac{1}{2}} = \sqrt{a}, \quad a^{\frac{3}{2}} = (\sqrt{a})^3 = a\sqrt{a}$$

つぎに, 実数べき, すなわち α を実数として a^α を次のように定義します.
α に収束する有理数列 $\{r_n\}$ がとれるので数列 $a^{r_1}, a^{r_2}, \dots, a^{r_n}, \dots$ の極限値を a^α

と定めます. これは有理数列のとりかたに依らずただ 1 つ極限値が存在することが分かっているから定義可能なのです.
例えば $a^{\sqrt{2}}$ は $a^1, a^{1.4}, a^{1.41}, \dots$ の極限値です.

2.2 複素数

つぎに複素数について述べますが, 複素数については複素関数の章でも扱います.
実数は既知として複素数をつぎのように定義します.
実数の順序対 (a,b) の全体 $\mathbb{R}^2 = \{(a,b)|a,b \text{ は実数 }\}$ を考え

$$(a,b) = (c,d) \Leftrightarrow a = c \text{ かつ } b = d$$

と相等を定めます. 四則演算（加, 減, 乗, 除）を a,b,c,d を実数として

$$(a,b) + (c,d) = (a+c, b+d)$$

$$(a,b) - (c,d) = (a-c, b-d)$$

$$(a,b) \cdot (c,d) = (ac-bd, bc+ad)$$

$$\frac{(a,b)}{(c,d)} = \left(\frac{ac+bd}{c^2+d^2}, \frac{bc-ad}{c^2+d^2}\right) \text{ただし } (c,d) \neq (0,0)$$

と定めます. 特に $(a,0)$ の形の順序対に対しては

$$(a,0) = (c,0) \Leftrightarrow a = c$$

$$(a,0) + (c,0) = (a+c, 0)$$

$$(a,0) - (c,0) = (a-c, 0)$$

$$(a,0) \cdot (c,0) = (ac, 0)$$

$$\frac{(a,0)}{(c,0)} = (\frac{a}{c}, 0) \quad (c \neq 0)$$

したがって $(a,0)$ を a と同一視して $(a,0) = a$ と書きます.
また,

$$(0,1) \cdot (0,1) = (-1,0) = -1$$

いま, $(0,1)=i$ と書けば上式は $i\cdot i=-1$ すなわち

$$i^2=-1$$

となります.

$$(a,b)=(a,0)+(0,b)=(a,0)+(b,0)(0,1)=a+bi$$

と書けることになり, a,b を実数として $a+bi$ を複素数 (complex number) といいます. ただし $i^2=-1$ すなわち複素数は実数の順序対と同一視できます.
i を虚数単位といい $\sqrt{-1}$ とも書きます. 複素数全体の集合を $\mathbb{C}$ と表わします. 実数でない複素数を虚数といいます. 特に $bi \quad (b$ は実数で $b\neq 0)$ の形の虚数を純虚数といいます. a,b を実数として複素数 $a+bi$ は $b=0$ なら a となりますので実数は複素数です. 結果的には複素数の計算は i を 1 つの文字と考えて計算し, $i^2=-1$ と置き換えれば $a+bi \quad (a$ と b は実数) という形になります.
例えば

$$\begin{aligned}\frac{2+3i}{1+i}&=\frac{(2+3i)(1-i)}{(1+i)(1-i)}\\&=\frac{2-2i+3i-3i^2}{1-i^2}\\&=\frac{2+i+3}{1+1}=\frac{5}{2}+\frac{1}{2}i\end{aligned}$$

実数には大小関係が定まっています.
すなわち任意の実数 a,b に対して $a<b$ か $a=b$ か $a>b$ のいずれか一つが必ず成り立ちます.
また,

$$a<b \text{ ならば } a+c<b+c$$

$$a>0 \text{ かつ } b>0 \text{ ならば } ab>0$$

が成り立っています.
しかし, 虚数には大小関係が定まりません. なぜなら, $i=\sqrt{-1}$ と 0 について
$i>0$ とすると $i\cdot i>0$ しかし $i^2=-1<0$ なので矛盾
$i=0$ とすると $i\cdot i=0$ しかし $i^2=-1<0$ なので矛盾
$i<0$ とすると $-i>0$ で $(-i)(-i)>0$ しかし $(-i)(-i)=i^2=-1<0$ なので矛盾,
従って $i<0, i=0, i>0$ のどれも成り立ちません.

2.3 整数

ここから整数の話に入ります.
任意の整数 a, b $(b > 0)$ に対して

$$a = qb + r \quad (0 \leqq r < b)$$

なる整数 q と r が唯一存在します.
q を a を b で割った商, r を余りといいます. 除法の定理といわれるものです.
いま, 余りが 0 である場合を考えます.
一般に a, b $(b \neq 0)$ を整数として, $a = qb$ が成り立つとき, b を a の約数, a を b の倍数, b は a を割り切るといい, $b|a$ と書きます.
0 はすべての整数の倍数で, $1, -1$ はすべての整数の約数です.
約数が 1 とそれ自身だけである自然数を素数 (prime number) といいます. 1 は素数とは考えません. 素数でない 1 より大きい自然数を合成数といいます.
いつくかの整数に共通な約数をそれらの公約数といい, 正の公約数で最大のものを最大公約数といいます.
また共通の倍数を公倍数といい, 正の公倍数で最小のものを最小公倍数といいます.
2 つの数 a, b について考えます.
c が a と b の両方を割り切るとき, すなわち $c|a$ かつ $c|b$ のとき c を a と b の公約数といいます. a と b の公約数のうち最大のものを最大公約数 (Greatest Common Divisor) といい g.c.d.(a, b) 簡単に (a, b) と表わします.
また, a と b の両方の倍数すなわち a と b のどちらでも割り切れる数を a と b の公倍数といい, 公倍数のうち最小のものを最小公倍数 (Least Common Multiple) といい,l.c.m.$[a, b]$ 簡単に $[a, b]$ と書きます.
a と b の最大公約数 (a, b) はつぎのようにして求めることができます. ユークリッドの互除法といわれるものです.
$a > b$ として a を b で割った商を q, 余りを c とします. $a = qb + c$ と書けます.(除法の定理) このとき

$$(a, b) = (b, c)$$

が成り立ちます.
なぜなら, $c = a - qb$ より (a, b) は c の約数, したがって b と c の公約数, よって (a, b)

は (b,c) の約数です.
また, (b,c) は $a=qb+c$ より a の約数, したがって a と b の公約数, よって (b,c) は (a,b) の約数, (a,b) と (b,c) は互いに他の約数ですので $(a,b)=(b,c)$ となります.
つぎに, a を b で割った余り c $(b>c)$ で b を割った余りを d とします. すると, 同様にして $c>d$ で $(b,c)=(c,d)$ となります. これをつづけると $a>b>c>d>\ldots$ となり, いつかは余りが 0 になります.
いま, c を d で割り, 余りが 0 になったとすると, すなわち c が d で割り切れたとすると $(c,d)=(d,0)=d$ ですので $(a,b)=(b,c)=(c,d)=d$ となります.
この証明から分かることですが, $a=qb+c$ より $c=a-qb$, $b=q'c+d$ より $d=b-q'c$, $c=q''d+0$. ここで, それぞれの商を q,q',q'' としています.
したがって $-q'=m, 1+q'q=n$ とおくと $(a,b)=d=ma+nb$ と書けます.
一般に a と b の最大公約数 (a,b) は適当な整数 m,n を選んで

$$(a,b)=ma+nb$$

のように a と b の 1 次結合で表わされます.
特に a と b が互いに素, すなわち $(a,b)=1$ のとき適当な整数 m,n をとって

$$1=ma+nb$$

と表わされます. このことはよく使われます.
「整数 c が自然数 a,b の積 ab を割り切り b と c が互いに素なら c は a を割り切ります.」なぜなら, $(b,c)=1$ なので適当な整数 m,n をとって $1=mb+nc$ と書けます.
両辺を a 倍して $a=mab+nac$. c は右辺の mab も nac を割り切るので左辺の a も割り切ります.
このことを使うとつぎが示せます.
「多項式

$$x^k+a_1x^{k-1}+a_2x^{k-2}+\cdots+a_k=0$$

の係数 $a_1,\ldots,a_k$ は整数とします. もし有理数 $\frac{m}{n}$ $(m,n$ は互いに素$)$ が解ならばその解は整数解です.」
なぜなら, $\frac{m}{n}$ $(m$ と n は互いに素$)$ が解ですから

$$(\frac{m}{n})^k+a_1(\frac{m}{n})^{k-1}+a_2(\frac{m}{n})^{k-2}+\cdots+a_k=0$$

n^k を両辺に掛けると

$$m^k + a_1 m^{k-1} n + a_2 m^{k-2} n^2 + \cdots + a_k n^k = 0$$

移項して

$$m^k = -n(a_1 m^{k-1} + a_2 m^{k-2} n + \cdots + a_k n^{k-1})$$

n は m^k を割り切り, m と n は互いに素なので n は m を割り切らなくてはならないので $n = \pm 1$ したがって $\dfrac{m}{n}$ は整数です.

自然数 a, b のどちらでも割り切れる数, すなわち a と b の両方の倍数を a と b の公倍数といい, a と b の公倍数のうち最小のものを最小公倍数 (Least Common Multiple) といい 簡単に $[a, b]$ と書くのでした. a, b の最大公約数 (a, b) と最小公倍数 $[a, b]$ の間にはつぎの関係式が成り立ちます.

$$[a, b] = \frac{ab}{(a, b)}$$

これを先に述べたことを使って示します.

適当な整数 m, n を選んで $(a, b) = ma + nb$ と表わせます. c を a と b の任意の公倍数とします. 両辺に c を掛けると $(a, b)c = mac + nbc$, 右辺の mac は c が b の倍数なので ab の倍数, nbc も c が a の倍数だから ab の倍数, したがって左辺の $(a, b)c$ も ab の倍数, よって $(a, b)c = abd$ (d は自然数) と書くと $c = \dfrac{ab}{(a, b)} d$. よって c は $\dfrac{ab}{(a, b)}$ の倍数だから $\dfrac{ab}{(a, b)} \leqq c$. 従って $\dfrac{ab}{(a, b)}$ が a と b の公倍数であることを示せば証明は終わります.

$$\frac{ab}{(a, b)} = \frac{b}{(a, b)} a, \quad \frac{ab}{(a, b)} = \frac{a}{(a, b)} b$$

と書けば $\dfrac{ab}{(a, b)}$ は a の倍数でもあり, b の倍数でもあり $\dfrac{ab}{(a, b)}$ は a と b の公倍数です.

よって $\dfrac{ab}{(a, b)} = [a, b]$ が示されました.

つぎに, 整数論の基本定理といわれる定理を述べます.

a を 1 より大きい自然数とします. このとき a はつぎのように素数 $p_1, p_2, \ldots, p_n$ のべきの積として一意的に表わされます.

$$a = p_1^{e_1} p_2^{e_2} \ldots p_n^{e_n} \quad (e_1, \ldots, e_n > 0)$$

このとき a は素因数分解されたといいます.

なぜなら, a が素数でないとすると a を割り切る数 a_1 $(1 < a_1 < a)$ があります. も

し a_1 が素数でないなら a_1 を割り切る数 a_2 $(0 < a_2 < a_1)$ があります. これを続けると a を割り切る素数 p が見つかります.
$\frac{a}{p}$ に上と同じ操作を続けると $\frac{a}{p}$ を割り切る素数 p' が見つかり, a は $pp' \ldots$ と素数の積で表わされます. ここで同じ素数が現われてきたら, 例えば p_1 が e_1, p_2 が $e_2, \ldots, p_n$ が e_n 回でたら a は

$$a = {p_1}^{e_1}{p_2}^{e_2} \ldots {p_n}^{e_n}$$

と書けることになります.
なお一意性は a が 2 通りに素因数分解されたとして, それらが一致することが示されるのですがここでは触れません.
さて素数に話を戻します.
自然数の列 $2, 3, 4, 5, \ldots$ から素数を取り出す方法にエラトステネスのふるいという方法があります. それは, まず最小の素数 2 からはじめて 2 の倍数となる数を消します. 次に素数 3 の倍数を消します. この操作を続けると残った数は素数で素数の列を得ます.
自然数のうち素数はどのくらい存在するでしょうか. 素数は無限に存在します.
その証明はユークリッドの考えた簡単な証明法として知られています. すなわち, 素数が有限個であるとして矛盾を出すのです. 有限個と仮定すると最も大きな素数 p が存在します. $(2 \times 3 \times \cdots \times p) + 1$ を考えると, これは素数で p より大きいことになり矛盾します. このように素数は無限に存在するのですが, その現れ方 (分布) はまばらです. 100 以下の素数は 25 個ありますが数が大きくなると素数は少なくなります.
素数がどのように分布しているかを調べる素数分布の問題は昔から考えられてきました. 与えられた正の数 x 以下の素数の個数 ($\pi(x)$ と書く) は x が十分大きいとき $\frac{x}{\log x}$ とほぼ同じぐらいである. すなわち

$$\lim_{x \to \infty} \frac{\pi(x)}{\frac{x}{\log x}} = 1$$

(素数定理という) が知られています.
素数分布の問題はいわゆるリーマンのゼーター関数

$$\zeta(s) = \sum_{n=1}^{\infty} \frac{1}{n^s} \quad (s > 1)$$

と関係し，　等式

$$\sum_{n=1}^{\infty}\frac{1}{n^s}=\Pi_p\frac{1}{1-\frac{1}{p^s}}$$

をみたします．右辺はすべての素数 p にわたる無限積でオイラー積といわれます．

$$\zeta(s)=\sum_{n=1}^{\infty}\frac{1}{n^s}\quad (Re(s)>1)$$

を s が複素数 $s=\sigma+it\quad (Re(s)=\sigma>1)$ まで解析接続して考えたとき $\zeta(s)=0$ となる虚数 s は $s=\dfrac{1}{2}+it\quad$ (t は実数) であろう．

別の言い方をすれば，リーマンのゼーター関数 $\zeta(s)$ の自明でない零点は $Re(s)=\dfrac{1}{2}$ なる直線上にあるだろう．これが有名なリーマン予想で今なお未解決の問題です．

素数にかかわる未解決問題は他にもあります．いくつかを述べます．p を素数として p と $p+2$ がともに素数となるとき対 $(p,p+2)$ を双子素数といいます．例えば (3,5),(5,7) などです．このような双子素数は無限に存在するのでしょうか．未解決です．

すべての 6 以上の偶数は 2 つの奇素数 (2 以外の素数) の和で書けるのでしょうか．例えば 8=3+5,12=5+7 のように書けるというのがゴールドバッハの予想と言われるものです．未解決です．

p を素数として 2^p-1 の形の数をメルセンヌ数といいます．特に素数になるときメルセンヌ素数といいます．どんな素数 p に対して 2^p-1 が素数になるだろうかと考えたメルセンヌにちなみます．

素数 $p=37$ に対してメルセンヌ数 $2^{37}-1$ はメルセンヌ素数ではないことをフェルマーが示しています．

$2^{11}-1=2047=23\times 89$ もメルセンヌ素数ではありません．似た数で 2^m+1 の形の数をフェルマー数といいます．素数のときはフェルマー素数といいます．2^m+1 が素数になるためには m が 2 のべきであることが必要なのですが，十分ではありません．$m=2^\nu$ と書いて $F_\nu=2^{2^\nu}+1$ と表わすと $\nu=0,1,2,3,4$ に対しては F_ν はフェルマー素数になり $\nu=5$, $F_5=2^{2^5}=2^{32}+1$ は素数でないことが分かっています (オイラー)．$\nu=0,1,2,3,4$ 以外にフェルマー素数は見つかっていません．

正 n 角形の定規とコンパスによる作図問題は方程式 $x^n=1$ を四則演算 (加減乗除と平方根をとる) で解けることが必要十分条件ですが，このことは n が $n=2^m p_1\cdots p_k$

$(m \geqq 0)$ のように 2 のべきと相異なるフェルマー素数の積 $p_1 \cdots p_k$ で書けることであることが分かっています. $n = 17$ のとき, すなわち正 17 角形の作図可能を証明したのは青年ガウスでした.
つぎに, ガウスによる合同式について述べます.
a, b を整数, m を 0 でない整数とします. $a - b$ が m で割り切れるとき, すなわち $a - b$ が m の倍数のとき a と b は m を法として合同であるといい

$$a \equiv b \pmod{m}$$

と書きます.

$$a \equiv b \pmod{m} \Leftrightarrow m | a - b$$

例えば,$m = 3$ のとき $\cdots - 6, -3, 0, 3, 6, 9, \ldots$ はすべて 3 を法として合同です.

$$\cdots - 3 \equiv 0 \equiv 3 \equiv 6 \equiv 9 \equiv \ldots \pmod{3}$$

$$\cdots \equiv -2 \equiv 1 \equiv 4 \equiv 7 \equiv 10 \equiv \ldots \pmod{3}$$

どんな整数 n も 0,1,2 のどれか 1 つに 3 を法として合同です.
さて, 整数 n を自然数 m で割った商を q, 余りを r とすると

$$n = qm + r$$

すなわち $n - r = qm$ と書けます. すると $n - r$ は m で割り切れます. $m | n - r$ なので

$$n \equiv r \pmod{m}$$

となります. m を法として互いに合同な整数の集合を 1 つの合同類といいます。
例えば,$-3, 0, 3, 6, 9, \ldots$ は 3 を法とした 1 つの合同類です.
上に述べたことから分かるように, 一般に m を法とする整数は 0 に合同な類, 1 に合同な類,...、$m - 1$ に合同な類 $\bar{0}, \bar{1}, \ldots, \overline{m-1}$ の m 個の合同類に分類されます.
合同関係は次の 3 つの規則 (同値律という) に従います.

$$\text{反射律}\ a \equiv a \pmod{m}$$

$$\text{対称律}\ a \equiv b \pmod{m} \Rightarrow b \equiv a \pmod{m}$$

$$\text{推移律}\ a \equiv b \pmod{m}, \quad b \equiv c \pmod{m} \Rightarrow a \equiv c \pmod{m}$$

整数全体 $\mathbb{Z}$ が合同類に重複せずに分割されるのは上記の合同関係が同値律を満たすからです. つぎは容易に分かることですが大切なことですので記します.
$a \equiv a' \pmod m, \quad b \equiv b' \pmod m$ ならば

$$a + b \equiv a' + b' \pmod m$$

$$a - b \equiv a' - b' \pmod m$$

$$ab \equiv a'b' \pmod m$$

が成り立ちます.

$$ab \equiv a'b' \pmod m$$

のみ示してみます. 仮定より $a - a'$ と $b - b'$ ともに m の倍数ですから

$$ab - a'b' = (a - a')b + (b - b')a'$$

と変形して, 右辺は m の倍数. したがって左辺の $ab - a'b'$ も m の倍数. よって

$$ab \equiv a'b' \pmod m$$

上記は整数全体を m を法として m 個の合同類に分けたとき, 各合同類を 1 つの数のように考えて加, 減, 乗ができるということを言っています. 割り算については何も言っていないことに注意します.
つぎの事実を述べておきます.
a, b を整数, m を自然数とするとき, 方程式

$$ax \equiv b \pmod m$$

は b が a と m の最大公約数 $d = (a, m)$ の倍数であるときに限り d 個の解をもちます.
特に, m が素数 p のとき

$$ax \equiv b \pmod p$$

は a が p の倍数でないなら, 任意の b に対してただ 1 つの解をもちます.
前半の証明しませんが, 後半は $(a, p) = 1$ より明らかです. 上記のことから素数 p を法とする合同類の間では加, 減, 乗, 除ができます. ただし, 除法は $a \equiv 0 \pmod p$ なる合同類で割ることを除いてです. a が p の倍数でないならとしているのはこのため

です.

p を素数とする. 任意の整数 a, b に対して

$$(a+b)^p \equiv a^p + b^p \pmod p$$

が成り立ちます.

なぜなら, 2 項定理より

$$(a+b)^p = a^p + \binom{p}{1} a^{p-1}b + \binom{p}{2} a^{p-2}b^2 + \cdots + \binom{p}{k} a^{p-k}b^k + \cdots + \binom{p}{p-1} ab^{p-1} + b^p$$

ここで

$$\binom{p}{k} = \frac{p(p-1)(p-2)\ldots(p-k+1)}{k!} \quad (1 \leqq k \leqq p-1)$$

$\binom{p}{k}$ $(1 \leqq k \leqq p-1)$ が p の倍数であることを示せばよいのでそれを示します.

$$\binom{p}{k} = \frac{p(p-1)(p-2)\ldots(p-k+1)}{k!}$$

は整数ですので $k!$ は分子 $p(p-1)\ldots(p-k+1)$ を割り切らなくてはなりません.

$k < p$ ですので $k!$ と p とは互いに素ですので $k!$ は $(p-1)(p-2)\ldots(p-k+1)$ を割り切らなくてはなりません. したがって $\binom{p}{k}$ は p の倍数です.

上記は数学的帰納法を使って

$$(a_1 + a_2 + \cdots + a_n)^p \equiv {a_1}^p + {a_2}^p + \cdots + {a_n}^p \pmod p$$

に拡張されます.

特に $a_1 = a_2 = \cdots = a_n = 1$ とすると $n^p \equiv n \pmod p$

さて, このことを使うとつぎのフェルマーの小定理といわれる定理が得られます.

「p を素数とする. 任意の整数 a に対して $a^p \equiv a \pmod p$. 特に a が p の倍数でないなら $a^{p-1} \equiv 1 \pmod p$」

これを示します.

$a > 0$ のとき, すなわち自然数 n のとき $n^p \equiv n \pmod p$ は上記で成り立ちます.

$a < 0$ のとき, すなわち $a = -n$(n は自然数) のとき

$$(-n)^p = (-1)^p n^p \equiv (-1)^p n \pmod p$$

p が奇素数なら $(-1)^p = -1$ なので $(-n)^p \equiv (-n) \pmod{p}$ となり成り立ちます.
$p = 2$ なら $(-n) \equiv n \pmod{2}$ なので $(-n)^2 = n^2 \equiv n \equiv -n \pmod{2}$ となり成り立ちます.
$a = 0$ のときは明らか. よって任意の整数 a に対して $a^p \equiv a \pmod{p}$ が示されました.
また, 後半は $a^p \equiv a \pmod{p}$ は $a^p - a$ が p で割り切れることですから $a^p - a = a(a^{p-1} - 1)$ で, p が a を割り切らないなら p は $a^{p-1} - 1$ を割り切ります. すなわち $a^{p-1} \equiv 1 \pmod{p}$ です.

3　代数系

3.1　群

現代数学では数多くの例にある共通の性質を取り出し, 集合と写像のことばでその性質を抽象化して理論を組み立てます. 数の持つ加法, 減法, 乗法, 除法なる四則演算を一般の集合にも定義して数学的構造を入れます. 数学的構造を持った集合が今から述べます群, 環, 体などの代数系です. この代数系で数学を展開することができるのです. 一言で言えば, 加法, 減法のできる集合が群 (group), 乗法もできる集合が環 (ring), 除法 (0 で割ることは除いて) もできる集合が体 (field) ということになります. 群, 環, 体の順に集合の満たすべき条件が強くなっていきます. まず, 群の定義から始めます.

空でない集合 G に 2 項演算が定義されている. すなわち G の任意の 2 元 a, b に積といわれる G の元 ab が対応し, つぎの (i),(ii),(iii) を満たすとき G はその演算に関して群を成すといいます.

(i)　G の任意の元 $a, b, c \in G$ に対して

$$(ab)c = a(bc) \quad (\text{結合律})$$

が成り立つ.

(ii)　G に 1 つの元 e が存在して, G の任意の元 $a \in G$ に対して

$$ea = ae = a$$

が成り立つ. e を 1 とも書き単位元 (identity element) といいます.

(iii)　G の任意の元 a に対して

$$aa^{-1} = a^{-1}a = e$$

なる G の元 $a^{-1} \in G$ が存在する.　a^{-1} を a の逆元といいます.

さらに $ab = ba$ が成り立つときは可換群とかアーベル群といいます. このときは ab を $a + b$, 単位元を零 0 と表わし加法群ということが多いです.

群 G の部分集合 H が G の部分群 (subgroup) とは H が G の演算で閉じていること, すなわち

単位元 1 は H に属し,　$a, b \in H$ ならば $ab \in H$,　$a \in H$ ならば $a^{-1} \in H$ となるこ

とです．群 G に対して G 自身も部分群ですし，単位元だけからなる $\{e\}$ も部分群です，これを単位群といい単に e と書きます．さらに
任意の $h \in H$ と任意の $g \in G$ に対して $ghg^{-1} \in H$ であるとき H は G の正規部分群 (normal subgroup) といいます．$H \triangleleft G$ と書くことがあります．
H が G の正規部分群であることは $gH = Hg$ であることと同値です．ここで $gH = \{gh | h \in H\}$ は H に関する左剰余類，$Hg = \{hg | h \in H\}$ は H に関する右剰余類といいます．H が G の正規部分群ならば $g, g' \in G$ に対して $gH = Hg$ かつ $g'H = Hg'$ なので剰余類の積は $gHg'H = gg'HH = gg'H$ となり剰余類の積が剰余類となり剰余類の全体が乗法に関して群となります．すなわち類の積に関して結合律が成り立ち，単位元は $eH = H$，aH の逆元は $a^{-1}H$ です．この群を H による G の剰余類群または商群 (quotient group) といい，G/H で表わします．G/H の元の個数 $\#G/H$ を H の G に対する指数といい $|G : H|$ と表わします．
一般に

$$|G| = |G : H| \cdot |H|$$

が成り立ちます．
ここで $|G|$ は G の元の個数 #G を表わし G の位数といいます．
$|G|$ が有限のとき G は有限群といいます．
「有限群 G の任意の部分群の位数は G の位数の約数である (ラグランジュの定理)」ですが，逆に $|G|$ の約数 m を任意に与えたとき位数 m の G の部分群が存在するとは限りませんが
「$|G|$ の約数 m が素数か素数のべきである場合には m を位数とする G の部分群が存在する.(シローの定理)」
が知られています．
群 G が単位群と G 自身の他に正規部分群を持たないとき，単純群といいます．
各元が特定の元 a のべき (べき乗) になる群を a から生成される巡回群 (cyclic group) といい $< a >$ と書きます．巡回群 $< a >$ は $a^i a^k = a^k a^i = a^{i+k}$ なのでアーベル群になります．
例えば

$$\omega = \cos\frac{2\pi}{n} + i\sin\frac{2\pi}{n}$$

とすれば $\omega^n = 1$ なので

$$\{1, \omega, \omega^2, \ldots, \omega^{n-1}\}$$

が位数 n の巡回群 $< \omega >$ です.
この例からも分るように任意の自然数 n に対して位数 n の巡回群は存在することが分かります.
可換な単純群 $(\neq e)$ は位数が素数の巡回群です. 単純群の構造や分類を調べることが問題ですが, いろいろな結果が知られています.
行列式の定義のときに使う置換についてここで述べます.
集合 X から X 自身への全単射を X の置換といいます. X の置換全体 $S(X)$ は合成を積, 恒等写像を単位元, 逆写像を逆元として群になります. この群を対称群とか置換群といいます. 特に $X=\{1,2,\ldots,n\}$ のとき $S(X)$ を n 次の対称群といい $S_n(X)$ と書きます. 置換 $\sigma \in S_n(X)$ を $\sigma = \begin{pmatrix} 1 & 2 & \cdots & n \\ \sigma(1) & \sigma(2) & \cdots & \sigma(n) \end{pmatrix}$ と表わします. $(\sigma(1),\ldots,\sigma(n))$ は $(1,2,\ldots,n)$ を並べ替えたものですから順列とも考えられ, 逆に順列 $(i_1,\ldots,i_n)$ に対して $\sigma(k)=i_k$ として σ を定義すれば置換は順列とも考えられます. 順列の個数は $n!$ ですので $S_n(X)$ の元の個数すなわち置換の個数は $n!$ です.
$X=\{1,2,3\}$ のとき $S_n(X)=3!=6$
$\sigma = \begin{pmatrix} 1 & 2 & 3 \\ 2 & 1 & 3 \end{pmatrix}, \mu = \begin{pmatrix} 1 & 2 & 3 \\ 1 & 3 & 2 \end{pmatrix}$ のとき合成は $\sigma\mu = \begin{pmatrix} 1 & 2 & 3 \\ 2 & 3 & 1 \end{pmatrix}$ となります.
$\sigma\mu(1)=\sigma(\mu(1))=\sigma(1)=2$ で μ を行い次に σ を行う順番に注意します.
2 つの群 G, G' に対して, 写像 $f: G \to G'$ がすべての $a, b \in G$ に対して

$$f(ab)=f(a)f(b)$$

を満たすとき f を準同型 (写像)(homomorphism) といいます.
f が準同型なら

$$f(e)=e', \quad f(a^{-1})=f(a)^{-1}$$

が成り立ちます. したがって $a, b \in G$ に対して

$$f(ab^{-1})=f(a)f(b)^{-1}$$

が成り立つとき f を準同型写像であるといってもよいです.
特に f が全単射のとき f は同型写像 (isomorphism) といいます. また $G=G'$ のときは f は自己同型 (写像) といいます.
群 G と群 G' の間に同型写像が存在するとき G と G' は同型 (isomorphic) といい

$$G \cong G'$$

と書きます.
このとき

$$G \cong G. \quad G \cong G' \Rightarrow G' \cong G. \quad G \sim G' \text{かつ} G' \cong G'' \Rightarrow G \cong G''$$

が分かります. すなわち群は同型という同値関係で類別できることが分かります.
写像 $f : G \to G'$ に対して G' の単位元 e' の f による逆像

$$f^{-1}(e') = \{x \in G | f(x) = e'\}$$

を f の核といい $\ker f$ と書きます. $\ker f$ は G の正規部分群になります.
f による G の像

$$f(G) = \{f(x) | x \in G\}$$

は Imf と書きます. Imf は G' の部分群です.
f を群 G から群 G' への準同型, f の核を N とする. このとき f から誘導される全単射 $g : G/N \to f(G)$, $\quad g(aN) = f(a)$, $\quad (a \in G)$ は G/N から $f(G)$ への同型写像です. 実際, $\quad aN, bN \in G/N$ に対して
$g((aN)(bN)) = g(abN) = f(ab) = f(a)f(b) = g(aN)g(bN)$
したがって

$$G/N \cong f(G)$$

が成り立ちます.
上記は準同型定理といわれます. これより, つぎが得られます.
「$f : G \to G'$ を群 G から群 G' の上への準同型, H' を G' の正規部分群とする. このとき $f^{-1}(H')$ は G の正規部分群となり $G/f^{-1}(H') \cong G'/H'$」.
「H を群 G の部分群, K を群 G の正規部分群とすれば $H \cap K$ は H の正規部分群で $HK/K \cong H/H \cap K$」
「H と K がともに G の正規部分群で $H \supset K$ ならば $G/H \cong (G/K)/(H/K)$」これらは同型定理といわれます. 証明は省略します.
群の例としてつぎをあげておきます. n 次複素正則行列の全体は行列の積に関し群をつくります. この群を一般 1 次線形群といい $GL(n, \mathbb{C})$ と表わします. 特に行列式 $= 1$ の複素正則行列全体は $SL(n, \mathbb{C})$ と書き特殊 1 次変換群といいます.
群 G の部分集合 M のすべての元と可換な G の元の集合 $C_G(M)$ すなわち $C_G(M) = \{x \in G | \forall c \in M, cx = xc\}$ は G の部分群になります. これを M の中心化群といいま

す. 特に G の中心化群 $C_G(G)$ の元を G の中心といいます.

3.2 環と体

つぎに環について述べます. 空でない集合 R が環 (ring) であるとは R に加法, 乗法とよばれる 2 つの演算すなわち $R \times R$ から R への写像 $(a,b) \mapsto a+b, (a,b) \mapsto ab$ が定義され, つぎが満たされることをいいます.

(1) 加法について可換群

(2) R の乗法は結合的, すなわち任意の $a,b,c \in R$ に対して

$$(ab)c = (ab)c$$

(3) R の乗法は加法に関して両側から分配的, すなわち

$$a(b+c) = ab + ac, \quad (b+c)a = ba + ca$$

(4) R に 1 つの元 e が存在して, R のすべての元 a に対して

$$ea = ae = a$$

この e を通常 1 で表わします.

R が環のとき加法に関する単位元は零元といい 0 と表わします. $a+(-b)$ を $a-b$ と書きます. 乗法について可換, すなわち $ab = ba$ が成り立つとき可換環といいます.

$\mathbb{Z}, \mathbb{Q}, \mathbb{R}, \mathbb{C}$ は普通の加法, 乗法について可換環になります.

一般の環では $a \neq 0, b \neq 0$ でも $ab = 0$ となる a, b を零因子といいます. 実際, 前に述べた行列の積では行列 $A \neq O, B \neq O$ でも $AB = O$ となることがありました. ここで O は零行列です.

零因子を持たない可換環を整域 (integral domain) といいます. 整数の環 $\mathbb{Z}$ は整域です.

R を環とします. a を R の元とし $ab = 1$ となる R の元 $b \in R$ が存在するとき a を可逆元 (単元) といい b を a の逆元といいます.

R が可換環で 0 以外の R のすべての元が可逆元, すなわち逆元をもつとき R を体 (field) といいます.

$\mathbb{Q}, \mathbb{R}, \mathbb{C}$ は体です. それぞれ有理数体, 実数体, 複素数体といいます. すなわち $\mathbb{Q}, \mathbb{R}, \mathbb{C}$ はそれぞれ四則演算に関して閉じています. 四則演算の結果がまたその集合に属する

ということです. $\mathbb{Z}$ は体ではありません. なぜなら $1, -1$ のみが可逆元だからです.
環 R の空でない部分集合 I がつぎを満たすとき
(1) $a, b \in I$ ならば $a + b \in I$
(2) $a \in I$ ならば任意の $r \in R$ に対して $ra \in I$,
I を R の左イデアルといいます. (2) を
(2)$'$ $a \in I$ ならば任意の $r \in R$ に対して $ar \in I$
で置き換えれば右イデアルといいます. I が左イデアルと同時に右イデアルであるとき両側イデアル, 単にイデアルといいます.
R を環とし, $a_1, \ldots, a_n$ を R の与えられた元とする. 任意の $r_1, \ldots, r_n \in R$ によって $r_1a_1 + \cdots + r_na_n$ の形の R の元全体の集合も R のイデアルになります. このイデアルを $(a_1, \ldots, a_n)$ と書き $a_1, \ldots a_n$ で生成されるイデアルといいます.
環 R の元 x で $x^n = 0$ となるような正の整数 n が存在するとき x はべき零といわれます. 可換環 R のべき零全部の集合は R のイデアルになります.
R を環, I を R のイデアルとします. I は R の加法部分群ですから, R の元 a, b を $a - b \in I$ のとき a, b は I を法として同値とします. このとき同値類である I を法とする剰余類全体の集合 R/I は $a, b \in R$ に対して

$$\text{加法} \quad (a + I) + (b + I) = a + b + I$$

$$\text{乗法} \quad (a + I)(b + I) = ab + I$$

に関して環をなします. この環 R/I を剰余環または商環といいます.
$n \geqq 1$ のときイデアル $n\mathbb{Z} = (n)$ による $\mathbb{Z}$ の商環 $\mathbb{Z}/n\mathbb{Z} = \mathbb{Z}/(n)$ を $\mathbb{Z}_n$ とも書き, 法 n に関する $\mathbb{Z}$ の商環といいます.
R と R' を環とするとき, $f : R \to R'$ が (環) 準同型とは

$$f(x + y) = f(x) + f(y)$$

$$f(xy) = f(x)f(y)$$

$$f(1) = 1'$$

が成り立つことです. ただし, 1 は R の単位元, $1'$ は R' の単位元とします.
$f : R \to R'$ が準同型のとき f による像 $f(R)$ は R' の部分環, f による核 $\ker f = f^{-1}(0) = \{x \in R | f(x) = 0\}$ は R のイデアルになります.
R, R' を環とし, $f : R \to R'$ を準同型とすると

$$R/\ker f \cong f(R)$$

すなわち $R/\ker f$ と $f(R)$ は同型となります.
R を可換環, I を R に等しくないイデアルとする. I を含む R のイデアルは R と I 自身の他にないとき I を極大イデアル (maximal ideal) といいます. このとき
R/I が体になるための必要十分条件は I が R の極大イデアルであることです.
R を可換環, I を R のイデアルとする

$$a, b \in R, \quad ab \in I \Rightarrow a \in I \text{ または } b \in I$$

が成り立つとき, I を素イデアルといいます.
R/I が整域なるための必要十分条件は I が素イデアルであることです.
体 R 上のベクトル空間の R を環 $(\neq 0)$ としたのがつぎに定義する R-加群 (R 上の加群 (module) です.
R を環 $(\neq 0)$, M を加法群とする. $R \times M$ から M への写像 $(r, x) \mapsto rx$ が定義され, つぎをみたす.

$$r \in R, \quad x, y \in M \text{ ならば } r(x+y) = rx + ry$$

$$r, s \in R, \quad x \in M \text{ ならば } (r+s)x = r(x) + s(x)$$

$$r, s \in R, \quad x \in M \text{ ならば } (rs)x = r(sx)$$

$$x \in M \text{ ならば } 1x = x \quad (1 \text{ は } R \text{ の単位元})$$

このとき M を R-加群といいます.(正確には左 R-加群)
R が体なら R-加群は R 上のベクトル空間と同じです.

4　線形代数

4.1　行列

行列の特別な場合ともみなせるベクトルについては後でふれることにして, 行列の話から始めます. 数を次のように横に m 個, 縦に n 個並べたものをひとまとめにしてかっこでくくり行列 (matrix) といいます. 1 つの記号で

$$A = \begin{pmatrix} a_{11} & a_{12} & \cdots & a_{1n} \\ a_{21} & a_{22} & \cdots & a_{2n} \\ \vdots & \vdots & & \vdots \\ a_{m1} & a_{m2} & \cdots & a_{mn} \end{pmatrix}$$

と表わします. 横の並びを行, 縦の並びを列といいます. 行列 A を m 行 n 列の行列とか $m \times n$ 行列または (m, n) 型行列といいます. $m = n$ すなわち行の個数と列の個数が同じときは n 次正方行列といいます. 行列 A を (a_{ij}) と簡単に書くこともあります. 行列 A の i 行 j 列目にある数 a_{ij} を行列 $A = (a_{ij})$ の (i, j) 成分といいます. $m \times n$ 行列の成分は mn 個あります. $m \times 1$ 行列を m 次列ベクトル, $1 \times n$ 行列を n 次行ベクトルといいます. 行列やベクトルに対して数をスカラーといいます. 1×1 行列は数と同一視します. 行列 $A = (a_{ij})$ の行と列を入れ換えた行列を ${}^tA$ と書きます. すなわち $A = (a_{ij}),\quad i = 1, 2, \ldots, m.\quad j = 1, 2, \ldots, n$ が $m \times n$ 行列なら ${}^tA = (a_{ji})$ は $n \times m$ 行列になります. ${}^tA$ を A の転置行列といいます.
行列 $A = (a_{ij})$, $B = (b_{ij})$ は行列の型が同じで対応する成分がすべて等しいとき等しいと決めます. すなわち

$$A = B \Leftrightarrow a_{ij} = b_{ij}, \quad i = 1, 2, \ldots, m. \quad j = 1, 2, \ldots, n.$$

型の同じ行列の加法 (和) は対応する成分を足したものをその対応する成分においたものと決めます. すなわち

$$A + B = (a_{ij} + b_{ij}), \quad i = 1, 2, \ldots, m. \quad j = 1, 2, \ldots, n.$$

行列のスカラー倍は各成分をスカラー倍したものと決めます.

$$\lambda A = (\lambda a_{ij}), \quad \lambda \text{はスカラー}$$

スカラーを -1 にとれば, 同じ型の行列の差は各成分の差を対応する成分とする行列です. 行列の積 AB は行列 A の列の個数と行列 B の行の個数が同じときのみ (それを l として) つぎのように定義します.

$$AB = (c_{ij}), \quad c_{ij} = \sum_{k=1}^{l} a_{ik} b_{kj}$$

すなわち A が $m \times l$ 行列, B が $l \times n$ 行列なら $AB = (c_{ij})$ は $m \times n$ 行列になります. すべての成分が 0 の行列を零行列といい O と書きます. 対角成分がすべて 1 で他の成分はすべて 0 の正方行列を単位行列といい E または I と書きます.

$$E = \begin{pmatrix} 1 & 0 & \dots & 0 \\ 0 & 1 & \dots & 0 \\ \vdots & \vdots & \ddots & \vdots \\ 0 & 0 & \dots & 1 \end{pmatrix}$$

$E = (\delta_{ij})$

$$\delta_{ij} = \begin{cases} 1 & (i = j) \\ 0 & (i \neq j) \end{cases}$$

δ_{ij} はクロネッカーデルタといわれます. 数の 0 に当たるのが行列では零行列 O, 数の 1 に当たるのが行列では単位行列 E です.

$$A + O = O + A = A$$

$$EA = AE = A$$

が成り立つからです.

対角成分 $a_{11}, a_{22}, \dots, a_{nn}$ 以外のすべての成分が 0 の行列

$$\begin{pmatrix} a_{11} & 0 & \dots & 0 \\ 0 & a_{22} & \dots & 0 \\ \vdots & \vdots & \ddots & \vdots \\ 0 & 0 & \dots & a_{nn} \end{pmatrix}$$

を対角行列といいます.

数と行列の違うところは行列 A, B に対して積 AB と積 BA が定義できても一般に $AB \neq BA$ です. 積は一般に掛け算の順序を変えると等しくなりません.

$$\begin{pmatrix}1 & 3\\2 & -1\end{pmatrix}\begin{pmatrix}2 & 0 & 4\\2 & -1 & -3\end{pmatrix}$$
$$=\begin{pmatrix}1\times 2+3\times 2 & 1\times 0+3\times(-1) & 1\times 4+3\times(-3)\\2\times 2+(-1)\times 2 & 2\times 0+(-1)\times(-1) & 2\times 4+(-1)\times(-3)\end{pmatrix}$$
$$=\begin{pmatrix}8 & -3 & -5\\2 & 1 & 11\end{pmatrix}$$

しかし, $\begin{pmatrix}2 & 0 & 4\\2 & -1 & -3\end{pmatrix}\begin{pmatrix}1 & 3\\2 & -1\end{pmatrix}$ は掛け算できません.

$\begin{pmatrix}2 & 0 & 4\\1 & -1 & -3\end{pmatrix}$ は 2×3 行列, $\begin{pmatrix}1 & 3\\2 & -1\end{pmatrix}$ は 2×2 行列だからです.

また数のときは $ab=0$ ならば $a=0$ または $b=0$ が成り立ちますが, 行列では $AB=O$ ならば $A=O$ または $B=O$ は成り立ちません. すなわち $A\neq O, B\neq O$ でも $AB=O$ となることがおこります.

例をあげます. $A=\begin{pmatrix}1 & 1\\-1 & -1\end{pmatrix},\quad B=\begin{pmatrix}1 & -1\\-1 & 1\end{pmatrix}$ のとき

$$AB=\begin{pmatrix}1 & 1\\-1 & -1\end{pmatrix}\begin{pmatrix}1 & -1\\-1 & 1\end{pmatrix}=\begin{pmatrix}0 & 0\\0 & 0\end{pmatrix}$$

$$BA=\begin{pmatrix}1 & -1\\-1 & 1\end{pmatrix}\begin{pmatrix}1 & 1\\-1 & -1\end{pmatrix}=\begin{pmatrix}2 & 2\\-2 & -2\end{pmatrix}$$

$AB\neq BA,\quad AB=O$ だが $A\neq O,\quad B\neq O$ です.

もともと, 後で述べる行列式は連立1次方程式を解くことから考え出されたのですが, 行列の記法を用いると連立1次方程式の表現が簡単になります.

例えば, n 個の未知数を $x_1,\ldots,x_n$ とする n 元 m 立連立1次方程式

$$(*)\quad\begin{cases}a_{11}x_1+\cdots+a_{1n}x_n=b_1\\ \vdots\\ a_{m1}x_1+\cdots+a_{mn}x_n=b_m\end{cases}$$

は $A=\begin{pmatrix}a_{11} & \cdots & a_{1n}\\ \vdots & \ldots & \vdots\\ a_{m1} & \cdots & a_{mn}\end{pmatrix}$, $\mathbf{x}=\begin{pmatrix}x_1\\ \vdots\\ x_n\end{pmatrix}$, $\mathbf{b}=\begin{pmatrix}b_1\\ \vdots\\ b_m\end{pmatrix}$ とおくと

$$A\mathbf{x}=\mathbf{b}$$

と書けます.

n 次正方行列 A に対して $AX = XA = E$ となる X があれば, この行列 X を A の逆行列といい A^{-1} と書きます. すなわち

$$AA^{-1} = A^{-1}A = E$$

逆行列の存在する行列を正則行列といいます. A, B が正則行列なら AB も正則行列となり

$$(AB)^{-1} = B^{-1}A^{-1}$$

が成り立ちます. $m = n$ のとき $(*)$ すなわち $A\mathbf{x} = \mathbf{b}$ は A の逆行列 A^{-1} があれば

$$\mathbf{x} = A^{-1}\mathbf{b}$$

となり $\mathbf{x}$ は求まることになります.

4.2 行列式

これから述べる行列式 (determinant) は行列と深くかかわっています. 行列は行と列の個数は違ってよいのですが行列式は行と列の個数が同じです. 正方行列 A に対して行列式 $|A|$ といわれる数 (スカラー) 値を定義します. すなわち, 正方行列

$$A = \begin{pmatrix} a_{11} & \cdots & a_{1n} \\ \vdots & \cdots & \vdots \\ a_{n1} & \cdots & a_{nn} \end{pmatrix}$$

に対して A の行列式 $|A|$ を $\det A$ または

$$|A| = \begin{vmatrix} a_{11} & \cdots & a_{1n} \\ \vdots & \cdots & \vdots \\ a_{n1} & \cdots & a_{nn} \end{vmatrix}$$

と書き, つぎのように定義します.

準備として $1, 2, \ldots, n$ の置換のことから始めます. $\{1, 2, \ldots, n\}$ から自分自身への全単射 (1 対 1 対応)P を n 次の置換といいます. $1, 2, \ldots, n$ に対応する数を $p_1, p_2, \ldots, p_n$ と書き, 置換 P を $P = \begin{pmatrix} 1 & 2 & \ldots & n \\ p_1 & p_2 & \ldots & p_n \end{pmatrix}$ と書くことにします.

$1, 2, \ldots, n$ の置換は $n!$ 個あることが $1, 2, \ldots, n$ の順列の総数として分かります. $1, 2, \ldots, n$ の 2 つを入れ替える置換を互換といい, 任意の置換は互換の積で表わされます. 表し方はいろいろありますがその積の個数は偶数か奇数かに決まります. 偶数のとき偶置換, 奇数のとき奇置換といいます. 置換 P の符号 (signature) $sgnP$ を P が偶置換なら $sgnP = +1$, P が奇置換なら $sgnP = -1$ と定めます. この準備のもとに正方行列

$$A = \begin{pmatrix} a_{11} & \cdots & a_{1n} \\ \vdots & \cdots & \vdots \\ a_{n1} & \cdots & a_{nn} \end{pmatrix}$$

の行列式を

$$|A| = \begin{vmatrix} a_{11} & \cdots & a_{1n} \\ \vdots & \cdots & \vdots \\ a_{n1} & \cdots & a_{nn} \end{vmatrix} = \sum sgnP a_{1p_1} a_{2p_2} \ldots a_{n_{p_n}}$$

と定義します. ここで, 和 $\sum$ はすべての置換 $n!$ 個の和です.(偶置換は $n!/2$ 個, 奇置換は $n!/2$)

$n = 2$ のとき $\begin{pmatrix} 1 & 2 \\ 1 & 2 \end{pmatrix}$ は偶置換, $\begin{pmatrix} 1 & 2 \\ 2 & 1 \end{pmatrix}$ は奇置換に注意して

$$\begin{vmatrix} a_{11} & a_{12} \\ a_{21} & a_{22} \end{vmatrix} = a_{11}a_{22} - a_{12}a_{21}$$

$n = 3$ のとき

$$\begin{vmatrix} a_{11} & a_{12} & a_{13} \\ a_{21} & a_{22} & a_{23} \\ a_{31} & a_{32} & a_{33} \end{vmatrix} = a_{11}a_{22}a_{33} + a_{12}a_{23}a_{31} + a_{13}a_{21}a_{32}$$
$$-a_{13}a_{22}a_{31} - a_{11}a_{23}a_{32} - a_{12}a_{21}a_{33}$$

偶置換は $\begin{pmatrix} 1 & 2 & 3 \\ 1 & 2 & 3 \end{pmatrix}$, $\begin{pmatrix} 1 & 2 & 3 \\ 2 & 3 & 1 \end{pmatrix}$, $\begin{pmatrix} 1 & 2 & 3 \\ 3 & 1 & 2 \end{pmatrix}$, 奇置換は $\begin{pmatrix} 1 & 2 & 3 \\ 3 & 2 & 1 \end{pmatrix}$, $\begin{pmatrix} 1 & 2 & 3 \\ 1 & 3 & 2 \end{pmatrix}$, $\begin{pmatrix} 1 & 2 & 3 \\ 2 & 1 & 3 \end{pmatrix}$ に注意して上のようになります.

実際には 3 次の行列式については図のように斜めの線に沿ってかけ, 右下りには +

左下りには − をつけて加えるというサラスの方法が便利です.

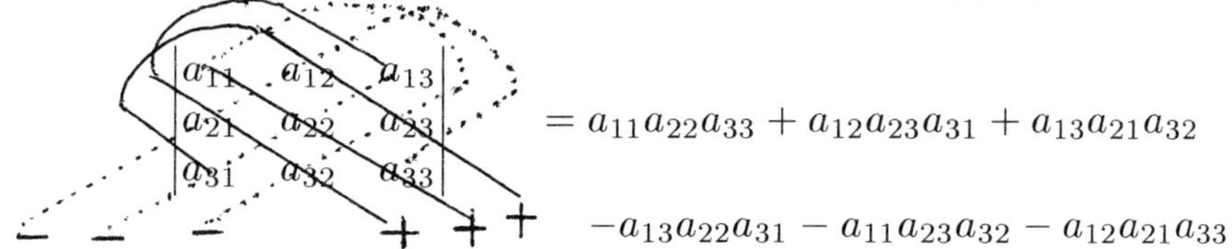

サラスの方法は 4 次以上の行列式では通用しないことに注意します. 例を挙げます.

2 次の行列式

$$\begin{vmatrix} a & b \\ c & d \end{vmatrix} = ad - bc$$

$$\begin{vmatrix} 1 & 4 \\ 3 & 2 \end{vmatrix} = 1 \times 2 - (4 \times 3) = 2 - 12 = -10$$

3 次の行列式

$$\begin{aligned} \begin{vmatrix} 1 & -2 & 3 \\ 0 & 4 & 2 \\ 6 & 1 & 7 \end{vmatrix} &= 1 \times 4 \times 7 + (-2) \times 2 \times 6 + 3 \times 0 \times 1 \\ &\quad -(3 \times 4 \times 6) - (1 \times 2 \times 1) - (-2) \times 0 \times 7 \\ &= 28 - 24 - 72 - 2 = -70 \end{aligned}$$

行列式の定義に従って行列式の値を求めなくても, つぎに述べる行列式の性質を使って行列式を計算します. 以下に行列式の性質を列挙します.

まず行と列を入れ替えても行列式の値は変わりません. すなわち正方行列 A に対して

$$|{}^t A| = |A|$$

したがって行について成り立つ性質は列についても成り立ちます.

$$\begin{vmatrix} a_{11} & \cdots & a_{1n} \\ \vdots & \cdots & \vdots \\ a_{i1} + b_{i1} & \cdots & a_{in} + b_{in} \\ \vdots & \cdots & \vdots \\ a_{n1} & \cdots & a_{nn} \end{vmatrix} = \begin{vmatrix} a_{11} & \cdots & a_{1n} \\ \vdots & \cdots & \vdots \\ a_{i1} & \cdots & a_{in} \\ \vdots & \cdots & \vdots \\ a_{n1} & \cdots & a_{nn} \end{vmatrix} + \begin{vmatrix} a_{11} & \cdots & a_{1n} \\ \vdots & \cdots & \vdots \\ b_{i1} & \cdots & b_{in} \\ \vdots & \cdots & \vdots \\ a_{n1} & \cdots & a_{nn} \end{vmatrix}$$

$$\begin{vmatrix} a_{11} & \cdots & a_{1n} \\ \vdots & \cdots & \vdots \\ \lambda a_{i1} & \cdots & \lambda a_{in} \\ \vdots & \cdots & \vdots \\ a_{n1} & \cdots & a_{nn} \end{vmatrix} = \lambda \begin{vmatrix} a_{11} & \cdots & a_{1n} \\ \vdots & \cdots & \vdots \\ a_{i1} & \cdots & a_{in} \\ \vdots & \cdots & \vdots \\ a_{n1} & \cdots & a_{nn} \end{vmatrix}$$

(λ はスカラー)　(第 i 行の λ 倍)

ある行がすべて 0 なら行列式の値は 0

$$\begin{vmatrix} a_{11} & \cdots & a_{1n} \\ \vdots & \cdots & \vdots \\ 0 & \cdots & 0 \\ \vdots & \cdots & \vdots \\ a_{n1} & \cdots & a_{nn} \end{vmatrix} = 0$$

2 つの行を入れ替えた行列の行列式は符号が変わる

$$\begin{vmatrix} a_{11} & \cdots & a_{1n} \\ \vdots & \cdots & \vdots \\ a_{j1} & \cdots & a_{jn} \\ \vdots & \cdots & \vdots \\ a_{i1} & \cdots & a_{in} \\ \vdots & \cdots & \vdots \\ a_{n1} & \cdots & a_{nn} \end{vmatrix} = - \begin{vmatrix} a_{11} & \cdots & a_{1n} \\ \vdots & \cdots & \vdots \\ a_{i1} & \cdots & a_{in} \\ \vdots & \cdots & \vdots \\ a_{j1} & \cdots & a_{jn} \\ \vdots & \cdots & \vdots \\ a_{n1} & \cdots & a_{nn} \end{vmatrix}$$

(i 行と j 行を入れ替えた)

2 つの行が一致すれば行列式の値は 0

1 つの行に, ある数を掛けて他の行に加えても引いても行列式の値は変わらない

$$
\begin{vmatrix}
a_{11} & \cdots & a_{1n} \\
\vdots & \cdots & \vdots \\
a_{i1} + \lambda a_{j1} & \cdots & a_{in} + \lambda a_{jn} \\
\vdots & \cdots & \vdots \\
a_{j1} & \cdots & a_{jn} \\
\vdots & \cdots & \vdots \\
a_{n1} & \cdots & a_{nn}
\end{vmatrix}
=
\begin{vmatrix}
a_{11} & \cdots & a_{1n} \\
\vdots & \cdots & \vdots \\
a_{i1} & \cdots & a_{in} \\
\vdots & \cdots & \vdots \\
a_{j1} & \cdots & a_{jn} \\
\vdots & \cdots & \vdots \\
a_{n1} & \cdots & a_{nn}
\end{vmatrix}
$$

(i 行に j 行の λ 倍を加えた)

n 次正方行列 A に対して

$$|\lambda A| = \lambda^n |A| \quad (\lambda \text{はスカラー})$$

$n = 1$ のとき以外 $|\lambda A| = \lambda |A|$ でないことに注意します.
正方行列 A, B に対し

$$|AB| = |A||B|$$

が成り立つことを証明抜きであげておきます. このことを使うと A の逆行列 A^{-1} が存在すれば $AA^{-1} = E$ ですので, $|AA^{-1}| = |A| \times |A^{-1}| = 1 \neq 0$ より $|A| \neq 0$ が成り立ちます. また,

$$|A^{-1}| = 1/|A|$$

も成り立ちます.
例

$$
\begin{aligned}
\begin{vmatrix} 2 & 3 & 1 \\ -2 & 1 & 0 \\ 4 & 2 & 3 \end{vmatrix} = \begin{vmatrix} 2 & 3 & 1 \\ 0 & 4 & 1 \\ 0 & -4 & 1 \end{vmatrix} \\
&= 2 \times 4 \times 1 + 3 \times 1 \times 0 + 1 \times 0 \times (-4) \\
&\quad -(1 \times 4 \times 0) - 2 \times 1 \times (-4) - (3 \times 0 \times 1) \\
&= 8 + 8 = 16
\end{aligned}
$$

(2 行 + 1 行, 3 行 − 2 × 1 行) を使いました.
高次の行列式の計算はつぎに述べる行列式の展開により, 低い次数の行列式に直して計算します.

n 次の正方行列 A に対して行列式 $|A|$ から第 i 行，第 j 列を除いてできる $n-1$ 次の行列式 (これを $(n-1)$ 次小行列式といいます) に $(-1)^{i+j}$ を掛けたもの (数) を行列 A の (i,j) 余因子といい A_{ij} と書くことにします. すなわち

$$A_{ij} = (-1)^{i+j} \begin{vmatrix} a_{11} & \cdots & \overset{\vee}{a_{1j}} \cdots & a_{1n} \\ \vdots & & \vdots & \vdots \\ a_{i1} & \cdots & a_{ij} \cdots & a_{in} \\ \vdots & & \vdots & \vdots \\ a_{n1} & \cdots & a_{nj} \cdots & a_{nn} \end{vmatrix} <$$

($\vee$ は除くという記号) A_{ij} は行列でないことに注意しましょう. このとき

$$\begin{aligned} |A| &= a_{i1}A_{i1} + a_{i2}A_{i2} + \cdots + a_{in}A_{in} \\ &= \sum_{j=1}^{n} a_{ij}A_{ij} \quad (i = 1, 2, \ldots, n) \end{aligned}$$

が成り立ちます. これを行列式 $|A|$ の第 i 行についての展開といいます. 同様に

$$\begin{aligned} |A| &= a_{1j}A_{1j} + a_{2j}A_{2j} + \cdots + a_{nj}A_{nj} \\ &= \sum_{i=1}^{n} a_{ij}A_{ij} \quad (j = 1, 2, \ldots, n) \end{aligned}$$

も成り立ち, これを $|A|$ の第 j 列についての展開といいます.

$$i \neq k \text{ なら} \sum_{j=1}^{n} a_{ij}A_{kj} = 0 \quad (i, k = 1, 2, \ldots, n)$$

$$j \neq k \text{ なら} \sum_{i=1}^{n} a_{ij}A_{ik} = 0 \quad (j, k = 1, 2, \ldots, n)$$

いわゆるクロネッカーデルタ記号 δ_{ij} を用いると

$$\sum_{j=1}^{n} a_{ij}A_{kj} = \delta_{ik}|A|$$

$$\sum_{i=1}^{n} a_{ij}A_{ik} = \delta_{jk}|A|$$

と書けます．このことは後のクラメールの公式を導くのに使います．n 次正方行列 $A=(a_{ij})$ の (i,j) 余因子を A_{ij} として A_{ij} を (j,i) 成分とする n 次正方行列

$$\tilde{A}=\begin{pmatrix} A_{11} & A_{21} & \dots & A_{n1} \\ A_{12} & A_{22} & \dots & A_{n2} \\ \vdots & \vdots & \dots & \vdots \\ A_{1n} & A_{2n} & \dots & A_{nn} \end{pmatrix}$$

を A の余因子行列といいます．A の余因子行列 $\tilde{A}$ は A の (i,j) 余因子 A_{ij} を (i,j) 成分とするのではなく (j,i) 成分とすることに注意します．このとき

$$\sum_{j=1}^{n} a_{ij}A_{kj}=\delta_{ik} \quad (i,k=1,2,\dots,n)$$

に注意すると

$$A\tilde{A}=\tilde{A}A=\begin{pmatrix} |A| & 0 & \cdots & 0 \\ 0 & |A| & \cdots & 0 \\ \vdots & \vdots & \ddots & \vdots \\ 0 & 0 & \cdots & |A| \end{pmatrix}=|A|E$$

となることが分かり，A が正則行列なら $|A|\neq 0$ で $A^{-1}=\dfrac{1}{|A|}\tilde{A}$ で与えられます．逆に $|A|\neq 0$ なら A は正則行列になります．このことはクラメールの公式から分かるのです．すなわち A の逆行列 A^{-1} は存在します．
すなわち A が正則行列であるための必要十分条件は $|A|\neq 0$ で，このとき A の逆行列 A^{-1} は

$$A^{-1}=\frac{1}{|A|}\begin{pmatrix} A_{11} & \dots & A_{n1} \\ \vdots & \dots & \vdots \\ A_{1n} & \dots & A_{nn} \end{pmatrix}$$

で与えられる．

$$(A^{-1})^{-1}=A$$

も分ります．

例．$A=\begin{pmatrix} a & b \\ c & d \end{pmatrix}$ のとき

$$A^{-1}=\frac{1}{ad-bc}\begin{pmatrix} d & -b \\ -c & a \end{pmatrix} \quad (\text{ただし } ad-bc\neq 0)$$

$|A| = ad - bc = 0$ のときは A^{-1} は存在しません.

例. $A = \begin{pmatrix} 1 & 2 & 3 \\ 2 & 3 & 5 \\ 4 & 2 & 1 \end{pmatrix}$ のとき

$$|A| = \begin{vmatrix} 1 & 2 & 3 \\ 2 & 3 & 5 \\ 4 & 2 & 1 \end{vmatrix} = 3 + 40 + 12 - 36 - 10 - 4 = 5$$

$A_{11} = \begin{vmatrix} 3 & 5 \\ 2 & 1 \end{vmatrix} = 3 - 10 = -7, \quad A_{12} = -\begin{vmatrix} 2 & 5 \\ 4 & 1 \end{vmatrix} = 18, \quad A_{13} = \begin{vmatrix} 2 & 3 \\ 4 & 2 \end{vmatrix} = -8,$

$A_{21} = -\begin{vmatrix} 2 & 3 \\ 2 & 1 \end{vmatrix} = 4, \quad A_{22} = \begin{vmatrix} 1 & 3 \\ 4 & 1 \end{vmatrix} = -11, \quad A_{23} = -\begin{vmatrix} 1 & 2 \\ 4 & 2 \end{vmatrix} = 6,$

$A_{31} = \begin{vmatrix} 2 & 3 \\ 3 & 5 \end{vmatrix} = 1, \quad A_{32} = -\begin{vmatrix} 1 & 3 \\ 2 & 5 \end{vmatrix} = 1 \quad A_{33} = \begin{vmatrix} 1 & 2 \\ 2 & 3 \end{vmatrix} = -1$ ゆえに

$$A^{-1} = \frac{1}{5}\begin{pmatrix} -7 & 4 & 1 \\ 18 & -11 & 1 \\ -8 & 6 & -1 \end{pmatrix}$$

$x_1, x_2, \ldots, x_n$ を未知数とする n 元 n 立連立 1 次方程式

$$(*) \quad \begin{cases} a_{11}x_1 + a_{12}x_2 + \cdots + a_{1n}x_n = b_1 \\ \vdots \\ a_{n1}x_1 + a_{n2}x_2 + \cdots + a_{nn}x_n = b_n \end{cases}$$

を行列を用いて解くことを考えます. $A = \begin{pmatrix} a_{11} & \ldots & a_{1n} \\ \vdots & \ldots & \vdots \\ a_{n1} & \ldots & a_{nn} \end{pmatrix}$, $\mathbf{x} = \begin{pmatrix} x_1 \\ \vdots \\ x_n \end{pmatrix}$,

$\mathbf{b} = \begin{pmatrix} b_1 \\ \vdots \\ b_n \end{pmatrix}$ とおくと $(*)$ は

$$A\mathbf{x} = \mathbf{b}$$

と書けます. $|A| \neq 0$ なら A^{-1} が存在するので $A\mathbf{x} = \mathbf{b}$ に左から A^{-1} を掛けて

$$\mathbf{x} = A^{-1}\mathbf{b}$$

となり解が分かります.

例をあげます.

$$\begin{cases} 4x - y = 24 \\ 3x + 2y = 7 \end{cases}$$

を逆行列を使って解きます.

$A = \begin{pmatrix} 4 & -1 \\ 3 & 2 \end{pmatrix}$, $\mathbf{x} = \begin{pmatrix} x \\ y \end{pmatrix}$, $\mathbf{b} = \begin{pmatrix} 24 \\ 7 \end{pmatrix}$ とおくと

$$A^{-1} = \frac{1}{11}\begin{pmatrix} 2 & 1 \\ -3 & 4 \end{pmatrix}$$

ですので $\mathbf{x} = A^{-1}\mathbf{b}$ より

$$\begin{aligned} \begin{pmatrix} x \\ y \end{pmatrix} &= \frac{1}{11}\begin{pmatrix} 2 & 1 \\ -3 & 4 \end{pmatrix}\begin{pmatrix} 24 \\ 7 \end{pmatrix} \\ &= \frac{1}{11}\begin{pmatrix} 55 \\ -44 \end{pmatrix} \\ &= \begin{pmatrix} 5 \\ -4 \end{pmatrix} \end{aligned}$$

ゆえに $x = 5,\quad y = -4$

証明ぬきでクラメールの公式を述べます. 連立 1 次方程式

$$(*) \quad \begin{cases} a_{11}x_1 + \cdots + a_{1n}x_n = b_1 \\ \vdots \\ a_{n1}x_1 + \cdots + a_{nn}x_n = b_n \end{cases}$$

の解は

$$|A| = \begin{vmatrix} a_{11} & \cdots a_{1n} \\ \vdots & \vdots \\ a_{n1} & \cdots a_{nn} \end{vmatrix} \neq 0$$

のとき存在して

$$x_1 = \frac{\begin{vmatrix} b_1 & \cdots a_{1n} \\ \vdots & \vdots \\ b_n & \cdots a_{nn} \end{vmatrix}}{|A|}, \cdots, x_n = \frac{\begin{vmatrix} a_{11} & \cdots b_1 \\ \vdots & \vdots \\ a_{n1} & \cdots b_n \end{vmatrix}}{|A|}$$

すなわち $x_i \quad (i = 1, 2, \ldots, n)$ の分子の行列式は $|A|$ の第 i 番目の列 $\begin{pmatrix} a_{1i} \\ \vdots \\ a_{ni} \end{pmatrix}$ の代わりに $\begin{pmatrix} b_1 \\ \vdots \\ b_n \end{pmatrix}$ で置き換えた行列式です.

$(*)$ で $\begin{pmatrix} b_1 \\ \vdots \\ b_n \end{pmatrix} = \begin{pmatrix} 0 \\ \vdots \\ 0 \end{pmatrix}$ のとき $(*)$ は同次連立 1 次方程式といわれます. 行列の記号で書けば $\mathbf{x} = \begin{pmatrix} x_1 \\ \vdots \\ x_n \end{pmatrix}$, $\mathbf{0} = \begin{pmatrix} 0 \\ \vdots \\ 0 \end{pmatrix}$ とおくと

$$A\mathbf{x} = \mathbf{0}$$

$\mathbf{x} = \mathbf{0}$ は自明な解といわれます.
$|A| \neq 0$ ならばクラメールの公式より $\mathbf{x} = \mathbf{0}$ すなわち同次連立 1 次方程式は自明な解をもちます. 対偶をとれば,
同次連立 1 次方程式が非自明解 $\mathbf{x} \neq \mathbf{0}$ (すなわち $x_1, \ldots, x_n$ の少なくとも一つは 0 でない) をもてば $|A| = 0$ が成り立ちます.
逆に $|A| = 0$ ならば $A\mathbf{x} = \mathbf{0}$ が非自明解を持つことも成り立ちます.
まとめると, 連立同次 1 次方程式 $A\mathbf{x} = \mathbf{0}$ が非自明解を持つための必要十分条件は $|A| = 0$ が成り立つことです.
A を n 次正方行列, λ を数とし

$$A\mathbf{x} = \lambda\mathbf{x}$$

となる n 次列ベクトル $\mathbf{x} \neq 0$ が存在するとき λ を行列 A の固有値, $\mathbf{x}$ を λ に対する固有ベクトルといいます.
$A\mathbf{x} = \lambda\mathbf{x}$ より

$$(A - \lambda E)\mathbf{x} = \mathbf{0}$$

と書けるので, これが $\mathbf{x} \neq \mathbf{0}$ なる解を持つためには

$$|A - \lambda E| = 0$$

が必要十分です．したがって $A = \begin{pmatrix} a_{11} & \dots & a_{1n} \\ \vdots & \dots & \vdots \\ a_{n1} & \dots & a_{nn} \end{pmatrix}$ のとき

$$\begin{vmatrix} a_{11}-\lambda & a_{12} & \dots & a_{1n} \\ a_{21} & a_{22}-\lambda & \dots & a_{2n} \\ \vdots & \vdots & \ddots & \vdots \\ a_{n1} & a_{n2} & \dots & a_{nn}-\lambda \end{vmatrix} = 0$$

を満たす λ が A の固有値ということです．

$f_A(t) = |A - tE|$ は t についての n 次多項式で A の固有多項式，$f_A(t) = 0$ を A の固有方程式といいますが

$$f_A(t) = (-1)^n t^n + c_{n-1} t^{n-1} + \cdots + c_1 t + c_0$$

と書くとき $f_A(t) = 0$ の解 λ が A の固有値ということで複素数の範囲で重複度をこめて n 個あります．

A の固有値を $\lambda_1, \dots, \lambda_n$ とすると

$$|A - tE| = (-1)^n (t - \lambda_1)(t - \lambda_2) \dots (t - \lambda_n)$$

この関係式から

$$a_{11} + a_{22} + \cdots + a_{nn} = \lambda_1 + \cdots + \lambda_n$$

$$\lambda_1 \lambda_2 \dots \lambda_n = |A|$$

が成り立つことが分かります．対角成分の和 $a_{11} + a_{22} + \cdots + a_{nn}$ を $tr(A)$ と書きますので

$$\lambda_1 + \cdots + \lambda_m = trA$$

また，ケーリー・ハミルトンの定理といわれるつぎが成り立ちます．

正方行列 A の固有多項式

$$f_A(t) = |A - tE| \text{ に対して } f_A(A) = 0$$

証明は省略します．$f_A(A) = |A - AE| = 0$ としてはいけません．

例えば $A = \begin{pmatrix} a & b \\ c & d \end{pmatrix}$ のとき

$$f_A(t) = \begin{vmatrix} a-t & b \\ c & d-t \end{vmatrix} = t^2 - (a+d)t + (ad - bc)$$

$$f_A(A) = \begin{pmatrix} a & b \\ c & d \end{pmatrix}^2 - (a+d)\begin{pmatrix} a & b \\ c & d \end{pmatrix} + (ad-bc)\begin{pmatrix} 1 & 0 \\ 0 & 1 \end{pmatrix} = \begin{pmatrix} 0 & 0 \\ 0 & 0 \end{pmatrix}$$

つぎに $A = \begin{pmatrix} 1 & 2 \\ 3 & 2 \end{pmatrix}$ の固有値とその固有値に対する固有ベクトルを求めます.

$$\begin{vmatrix} 1-\lambda & 2 \\ 3 & 2-\lambda \end{vmatrix} = 0$$

より

$$(1-\lambda)(2-\lambda) - 6 = 0$$

$$\lambda^2 - 3\lambda - 4 = 0$$

$$(\lambda+1)(\lambda-4) = 0$$

ゆえに $\lambda = -1, 4$ よって固有値は -1 と 4

固有値 -1 に対する固有ベクトル $\begin{pmatrix} x \\ y \end{pmatrix}$ は

$$\begin{pmatrix} 2 & 2 \\ 3 & 3 \end{pmatrix}\begin{pmatrix} x \\ y \end{pmatrix} = \begin{pmatrix} 0 \\ 0 \end{pmatrix}$$

より $x + y = 0$ を解いて求める固有ベクトルは

$$\alpha \begin{pmatrix} 1 \\ -1 \end{pmatrix} \quad \text{ここで}\alpha\text{は 0 でない任意の実数}$$

固有値 4 に対する固有ベクトルは

$$\begin{pmatrix} -3 & 2 \\ 3 & -2 \end{pmatrix}\begin{pmatrix} x \\ y \end{pmatrix} = \begin{pmatrix} 0 \\ 0 \end{pmatrix}$$

より $-3x + 2y = 0$ を解いて

$$\alpha \begin{pmatrix} 2 \\ 3 \end{pmatrix} \quad \text{ここで}\alpha\text{は 0 でない任意の実数.}$$

4.3 ベクトル空間

つぎにベクトルの1次独立性について述べます.
ベクトル $\mathbf{a}_1, \mathbf{a}_2, \ldots, \mathbf{a}_n$ が1次独立とは

$$c_1\mathbf{a}_1 + c_2\mathbf{a}_2 + \cdots + c_n\mathbf{a}_n = \mathbf{0} \text{ なら } c_1 = c_2 = \cdots = c_n = 0$$

が成り立つことです.
1次独立でないとき1次従属といいます. すなわち1次従属とは

$$(c_1, c_2, \ldots, c_n) \neq (0, 0, \ldots, 0) \text{ があって } c_1\mathbf{a}_1 + c_2\mathbf{a}_2 + \cdots + c_n\mathbf{a}_n = \mathbf{0}$$

となるということです.
つぎが成り立ちます.
$\mathbf{a}_1, \ldots, \mathbf{a}_m$ が1次独立,$\mathbf{a}_1, \ldots, \mathbf{a}_m, \mathbf{b}$ が1次従属ならば $\mathbf{b}$ は $\mathbf{a}_1, \ldots, \mathbf{a}_m$ の1次結合で表われる. すなわち $k_1, \ldots k_m$ が存在して,

$$\mathbf{b} = k_1\mathbf{a}_1 + \cdots + k_m\mathbf{a}_m$$

実際, $\mathbf{a}_1, \ldots, \mathbf{a}_m, \mathbf{b}$ が1次従属だから,$(c_1 \ldots, c_m, c_{m+1}) \neq (0, \ldots, 0)$ を選んで $c_1\mathbf{a}_1 + \cdots + c_m\mathbf{a}_m + c_{m+1}\mathbf{b} = \mathbf{0}$ とできます. このとき $c_{m+1} \neq 0$ です. なぜなら $c_{m+1} = 0$ とすると $c_1\mathbf{a}_1 + \cdots + c_m\mathbf{a}_m = \mathbf{0}$ となり $\mathbf{a}_1, \ldots, \mathbf{a}_m$ は1次独立なので $c_1 = \cdots = c_m = 0$ となり $(c_1, \ldots, c_m, c_{m+1}) \neq (0, \ldots, 0)$ と矛盾します. 従って $c_{m+1} \neq 0$. すると

$$\mathbf{b} = (-\frac{c_1}{c_{m+1}})\mathbf{a}_1 + \cdots + (-\frac{c_m}{c_{m+1}})\mathbf{a}_m$$

$k_j = -\dfrac{c_j}{c_{m+1}}, (j = 1, \ldots, m)$ とおいて結論を得ます. このことよりつぎが成り立ちます.
「正方行列 A の相異なる固有値に対する固有ベクトルは1次独立である」
これを背理法で示します. 結論を否定すると A の相異なる固有値 $\lambda_1, \ldots, \lambda_m$ とそれに対する固有ベクトル $\mathbf{a}_1, \ldots, \mathbf{a}_m$ がつぎをみたすようにとれます. $\mathbf{a}_1, \ldots, \mathbf{a}_{m-1}$ は1次独立で

$$\mathbf{a}_m = k_1\mathbf{a}_1 + \cdots + k_{m-1}\mathbf{a}_{m-1}$$

上式に左から A をかけて

$$A\mathbf{a}_m = k_1A\mathbf{a}_1 + \cdots + k_{m-1}A\mathbf{a}_{m-1}$$

$$\lambda_m \mathbf{a}_m = k_1\lambda_1\mathbf{a}_1 + \cdots + k_{m-1}\lambda_{m-1}\mathbf{a}_{m-1}$$

$\mathbf{a}_m$ を代入して変形すると

$$k_1(\lambda_m - \lambda_1)\mathbf{a}_1 + \cdots + k_{m-1}(\lambda_m - \lambda_{m-1})\mathbf{a}_{m-1} = \mathbf{0}$$

$\lambda_m - \lambda_1 \neq 0, \ldots, \lambda_m - \lambda_{m-1} \neq 0$ で $\mathbf{a}_1, \ldots, \mathbf{a}_{m-1}$ は 1 次独立なので $k_1 = \cdots = k_{m-1} = 0$. よって $\mathbf{a}_m = \mathbf{0}$ となり矛盾.
集合 V がベクトル空間 (または線形空間) とは V の任意の元 $\mathbf{a}, \mathbf{b}$ に対して

$$\mathbf{a} + \mathbf{b} \in V \quad (\mathbf{a} + \mathbf{b} \text{ を和という})$$

$$\lambda\mathbf{a} \quad (\lambda \text{はスカラー}) \quad (\lambda\mathbf{a} \text{ をスカラー倍という})$$

が定まって, つぎのベクトル空間の公理を満たすことです.

$$\mathbf{a} + \mathbf{b} = \mathbf{b} + \mathbf{a}$$

$$(\mathbf{a} + \mathbf{b}) + \mathbf{c} = \mathbf{a} + (\mathbf{b} + \mathbf{c})$$

$$\mathbf{a} + \mathbf{0} = \mathbf{0} + \mathbf{a} = \mathbf{a}$$

となる零ベクトル $\mathbf{0}$ が存在する

$$\text{任意の } \mathbf{a} \in V \text{ に対して } -\mathbf{a}$$

($\mathbf{a}$ の逆ベクトルという) が存在して、

$$\mathbf{a} + (-\mathbf{a}) = \mathbf{0}$$

V は $\lambda \in \mathbb{R}$ のとき $\mathbb{R}$ 上のベクトル空間 (実ベクトル空間), $\lambda \in \mathbb{C}$ のとき $\mathbb{C}$ 上のベクトル空間 (複素ベクトル空間) といわれます. さて, ベクトル空間 V に n 個の 1 次独立なベクトルが存在し, $(n+1)$ 個以上の 1 次独立なベクトルは存在しないとき, V は n 次元ベクトル空間といいます. V が n 次元ベクトル空間のとき V の任意のベクトル $\mathbf{x}$ は V の n 個の 1 次独立なベクトル $\mathbf{a}_1, \mathbf{a}_2, \ldots, \mathbf{a}_n$ をとれば

$$\mathbf{x} = \lambda_1\mathbf{a}_1 + \cdots + \lambda_n\mathbf{a}_n$$

と $\mathbf{a}_1, \mathbf{a}_2, \cdots, \mathbf{a}_n$ の 1 次結合で表わされます. このような $\mathbf{a}_1, \ldots, \mathbf{a}_n$ を V の基底 (basis) といいます. すなわち $\mathbf{a}_1, \ldots, \mathbf{a}_n$ が基 (底) とは $\mathbf{a}_1, \ldots, \mathbf{a}_n$ は 1 次独立で

$\mathbf{a}_1, \dots, \mathbf{a}_n$ は V を生成する, すなわち V の任意の元 (ベクトル) が $\mathbf{a}_1, \dots, \mathbf{a}_n$ の 1 次結合で表わされるということです.

n 次元数ベクトル空間 $\mathbb{R}^n$ の任意の元 $(a_1, \dots, a_n)$ は

$$(a_1, \dots, a_n) = a_1\mathbf{e}_1 + \cdots + a_n\mathbf{e}_n$$

と表わされます. ここで

$$\mathbf{e}_1 = (1, 0, \dots, 0), \dots, \mathbf{e}_n = (0, \dots, 0, 1)$$

で基本ベクトルといわれます.

$\mathbf{e}_1, \dots, \mathbf{e}_n$ は 1 次独立ですので $\mathbf{e}_1, \dots, \mathbf{e}_n$ が $\mathbb{R}^n$ の 1 つの基底になっているのです.

V を $\mathbb{R}$ 上のベクトル空間とする. V の任意の 2 元 $\mathbf{a}, \mathbf{b} \in V$ に対して実数 $(\mathbf{a}, \mathbf{b})$ が対応してつぎをみたすとき

(1) $(\mathbf{a}_1 + \mathbf{a}_2, \mathbf{b}) = (\mathbf{a}_1, \mathbf{b}) + (\mathbf{a}_2, \mathbf{b})$

(2) $(\lambda\mathbf{a}, \mathbf{b}) = \lambda(\mathbf{a}, \mathbf{b})$ (λはスカラー)

(3) $(\mathbf{a}, \mathbf{b}) = (\mathbf{b}, \mathbf{a})$

(4) $(\mathbf{a}, \mathbf{a}) \geqq 0, \quad (\mathbf{a}, \mathbf{a}) = 0 \Leftrightarrow \mathbf{a} = \mathbf{0}$

$(\mathbf{a}, \mathbf{b})$ を $\mathbf{a}, \mathbf{b}$ の内積といいます.

$\mathbb{C}$ 上のベクトル V の場合は $\mathbf{a}, \mathbf{b} \in V$ に対して複素数 $(\mathbf{a}, \mathbf{b})$ を対応させ,(3) が

(3)$'$ $(\mathbf{a}, \mathbf{b}) = \overline{(\mathbf{b}, \mathbf{a})}$ (―は共役複素数)

に代り, 他は同じ. このとき $(\mathbf{a}, \mathbf{b})$ はエルミート内積といいます. 内積の定義されたベクトル空間を計量ベクトル空間といいます. なお

$$\|\mathbf{a}\| = \sqrt{(\mathbf{a}, \mathbf{a})}$$

と書いて $\|\mathbf{a}\|$ をベクトル $\mathbf{a}$ のノルムといいます.

$\mathbb{R}^n$ のベクトル $\mathbf{a} = (a_1, \dots, a_n), \mathbf{b} = (b_1, \dots, b_n)$ に対して $\mathbf{a}, \mathbf{b}$ の内積 $(\mathbf{a}, \mathbf{b})$ を

$$(\mathbf{a}, \mathbf{b}) = a_1b_1 + \cdots + a_nb_n$$

と定義します. これを標準内積といいます.

$n = 2$ のときすなわち平面ベクトル $\mathbf{a}, \mathbf{b}$ に対して

$$(\mathbf{a}, \mathbf{b}) = \|\mathbf{a}\|\|\mathbf{b}\| \cos\theta$$

ここで θ は $\mathbf{a}$ と $\mathbf{b}$ のなす角 $(0 < \theta < \pi)$ です.

上式は余弦定理より得られます.

一般に V を計量ベクトル空間とすると V のベクトル $\mathbf{a}, \mathbf{b}$ に対して

$$|(\mathbf{a}, \mathbf{b})| \leqq \|\mathbf{a}\|\|\mathbf{b}\| \quad (\text{シュワルツの不等式})$$

が成り立ちます. 特に $\mathbb{R}^2$ のベクトル $\mathbf{a} = (a_1, a_2), \mathbf{b} = (b_1, b_2)$ に対して上のシュワルツの不等式は

$$|a_1 b_1 + a_2 b_2| \leqq \sqrt{a_1^2 + a_2^2}\sqrt{b_1^2 + b_2^2}$$

となります. 関数空間である計量ベクトル空間の例をあげます.
閉区間 $I = [a, b]$ で定義された連続関数全体の集合を $C(I)$ とします. $f, g \in C(I)$ に対して内積 (f, g) を

$$(f, g) = \int_a^b f(x)g(x)dx$$

と定義すると $C(I)$ は計量ベクトル空間になります.
ベクトル空間 V の部分集合 W が V の演算でベクトル空間となっているとき, すなわち $\mathbf{a}, \mathbf{b} \in W$ に対して

$$\lambda\mathbf{a} + \mu\mathbf{b} \in W \quad (\lambda, \mu \text{はスカラー})$$

が成り立つとき W は V の部分 (ベクトル) 空間といいます。
$\mathbb{R}$ 上のベクトル空間 V_1, V_2 に対して V_1 から V_2 への写像 $f : V_1 \to V_2$ が

$$f(\lambda\mathbf{a} + \mu\mathbf{b}) = \lambda f(\mathbf{a}) + \mu f(\mathbf{b}) \quad (\lambda, \mu \in \mathbb{R})$$

を満たすとき f を線形写像 (linear mapping) といいます.
例をあげます.
$m \times n$ 行列 A によって $\mathbf{a} \in \mathbb{R}^n$ に対して $A\mathbf{a} \in \mathbb{R}^m$ を対応させる写像 $f : \mathbb{R}^n \to \mathbb{R}^m$ $f(\mathbf{a}) \mapsto A\mathbf{a}$ は $\mathbb{R}^n$ から $\mathbb{R}^m$ への線形写像です.
特に $m = n$ のとき f を 1 次変換, A を 1 次変換を表わす行列といいます. このとき写像 f と行列 A を同一視して A を 1 次変換ともいいます.
1 次変換を行列 A で表わすと, $|A| \neq 0$ なる 1 次変換 A は直線を直線に移します.
また, $\mathbb{R}^2$(座標平面) における x 軸に関する対称変換は

$$A = \begin{pmatrix} 1 & 0 \\ 0 & -1 \end{pmatrix}$$

実際, この変換で点 (x, y) が点 (x', y') に移ったとすると $x' = x, y' = -y$. 行列で表わすと

$$\begin{pmatrix} x' \\ y' \end{pmatrix} = \begin{pmatrix} 1 & 0 \\ 0 & -1 \end{pmatrix} \begin{pmatrix} x \\ y \end{pmatrix}$$

よって $A = \begin{pmatrix} 1 & 0 \\ 0 & -1 \end{pmatrix}$. 同様に考えて,

y 軸に関する対称変換は $A = \begin{pmatrix} -1 & 0 \\ 0 & 1 \end{pmatrix}$,

直線 $y = x$ に関する対称変換は $A = \begin{pmatrix} 0 & 1 \\ 1 & 0 \end{pmatrix}$,

原点に関する対称変換は $A = \begin{pmatrix} -1 & 0 \\ 0 & -1 \end{pmatrix}$,

原点のまわりに角 θ の回転は

$$A = \begin{pmatrix} \cos\theta & -\sin\theta \\ \sin\theta & \cos\theta \end{pmatrix}$$

行列 A の階数をつぎのように定義します. 行列 A の階数が r とは A の r 次の正則正方小行列 (n 次の行列から任意の r 個の行と列を選んでつくられる行列) (その行列式 $\neq 0$) は存在するが $r + 1$ 以上の正方小行列はすべて正則でない (その行列式はすべて 0) ときをいいます. この定義はつぎと同値です. A の r 個の 1 次独立なベクトルは存在するが, $r + 1$ 以上の 1 次独立なベクトルは存在しない. 行列 A の階数 (rank) を

$$rankA$$

と表わします.

ベクトル空間 V は V に n 個の 1 次独立なベクトルは存在するが $n + 1$ 以上の 1 次独立なベクトルは存在しないとき n 次元 (dimension) であるといいます.

$$\dim V = n$$

と書きます.

$f : U \to V$ をベクトル空間 U からベクトル空間 V への線形写像とするとき

$$Imf = \{f(u) | u \in U\}$$

を f の像 (image)

$$Kerf = \{u | f(u) = \mathbf{0}_v\}$$

を f の核 (kernel) といいます.
Imf は V の部分空間, $Kerf$ は U の部分空間になります. このとき線形写像 $f: U \to V$ を表わす行列を A とすると

$$rankA = dimImf$$

がいえます. f をベクトル空間 $\mathbb{R}^n$ から $\mathbb{R}^m$ への線形写像とすると

$$n = dim(Kerf) + dim(Imf)$$

が成り立ちます.
ベクトル $\mathbf{a}, \mathbf{b}$ が内積 $(\mathbf{a}, \mathbf{b}) = 0$ となるとき直交するといいます. ベクトル空間 V の基 (底)$\{\mathbf{a}_1, \ldots, \mathbf{a}_n\}$ が

$$(\mathbf{a}_i, \mathbf{a}_j) = \delta_{ij}$$

を満たすとき正規直交基 (底) といいます.V の基 $\{\mathbf{a}_1, \ldots, \mathbf{a}_n\}$ から正規直交基 $\{\mathbf{b}_1, \ldots, \mathbf{b}_n\}$ をつぎのようにしてつくることができます.
まず $\mathbf{b}_1 = \dfrac{\mathbf{a}_1}{\|\mathbf{a}_1\|}$ とおく, つぎに $\mathbf{c}_2 = \mathbf{a}_2 - (\mathbf{a}_2, \mathbf{b}_1)\mathbf{b}_1$, $\mathbf{b}_2 = \dfrac{\mathbf{c}_2}{\|\mathbf{c}_2\|}$ とおく, これを続けて $\mathbf{b}_1, \ldots, \mathbf{b}_k (1 \leqq k < n)$ が求まったとき

$$\mathbf{c}_{k+1} = \mathbf{a}_{k+1} - \sum_{i=1}^{k} (\mathbf{a}_{k+1} \mathbf{b}_i) \mathbf{b}_i$$

$$\mathbf{b}_{k+1} = \frac{\mathbf{c}_{k+1}}{\|\mathbf{c}_{k+1}\|}$$

とおく. これを続けて V の正規直交基 $\{\mathbf{b}_1, \ldots, \mathbf{b}_n\}$ を得ます. これをグラム・シュミットの直交化といいます.
V を計量ベクトル空間とし,V の 1 次変換 $f: V \to V$ で内積を変えないもの, すなわち任意の $\mathbf{a}, \mathbf{b} \in V$ に対して

$$(f(\mathbf{a}), f(\mathbf{b})) = (\mathbf{a}, \mathbf{b})$$

を満たす f を直交変換といいます. また, 正方行列 A が

$${}^tAA = E \text{ したがって } A^{-1} = {}^tA$$

を満たすとき A を直交行列 (orthogonal matrix) といいます.
行列 A が直交行列であるための必要十分条件は

$$A = \begin{pmatrix} a_{11} & \dots & a_{1n} \\ \vdots & & \vdots \\ a_{n1} & \dots & a_{nn} \end{pmatrix}$$

を

$$A = (\mathbf{a}_1, \dots, \mathbf{a}_n)$$

$$\mathbf{a}_1 = \begin{pmatrix} a_{11} \\ \vdots \\ a_{n1} \end{pmatrix}, \dots, \mathbf{a}_n = \begin{pmatrix} a_{1n} \\ \vdots \\ a_{nn} \end{pmatrix}$$

と表わしたとき, ベクトル $\mathbf{a}_1, \dots, \mathbf{a}_n$ が正規直交系をなすことです.
n 次実直交行列 A に対して $f : \mathbb{R}^n \to \mathbb{R}^n$ を

$$f(\mathbf{x}) = A\mathbf{x}, \quad \mathbf{x} \in \mathbb{R}^n$$

と定義すると

$$f \text{ が直交変換} \Leftrightarrow A \text{ が直交行列}$$

A が直交行列ならば任意のベクトル $\mathbf{a}, \mathbf{b}$ に対して

$$(A\mathbf{a}, A\mathbf{b}) = (\mathbf{a}, \mathbf{b})$$

逆に $(A\mathbf{a}, A\mathbf{b}) = (\mathbf{a}, \mathbf{b})$ なら A は直交行列です.

4.4　行列の対角化

2 つの n 次正方行列 A, B が正則行列 P によって

$$B = P^{-1}AP$$

の関係にあるとき B は A に相似であるといいます. B が A に相似なら A の固有値は B の固有値になります.
行列 A が対角行列に相似なとき, すなわち適当な正則行列 P を選んで

$$P^{-1}AP = \begin{pmatrix} \lambda_1 & \cdots & \cdots & 0 \\ 0 & \lambda_2 & \cdots & 0 \\ \vdots & \vdots & \ddots & \vdots \\ 0 & \cdots & \cdots & \lambda_n \end{pmatrix}$$

とできるとき行列 A は対角化可能であるといいます.
このとき $\lambda_1, \dots, \lambda_n$ は A の固有値です. すべての行列が対角化可能なわけではありません. ではどんな行列が対角化可能でしょうか. n 次正方行列 A が対角化可能であるための必要十分条件は n 次行列 A が n 個の 1 次独立な固有ベクトルをもつことです. 相異なる m 個の実数 $\lambda_1, \dots, \lambda_m$ が A の固有値なら, それに対する固有ベクトル $\mathbf{q}_1, \dots, \mathbf{q}_m$ は 1 次独立なので A の固有値がすべて実数ですべて相異なれば A は対角化可能です. A が実対称行列 (${}^tA = A$) なら A の固有値はすべて実数で, λ, μ が A の相異なる固有値ならば λ に対する固有ベクトル $\mathbf{x}$ と μ に対する固有ベクトル $\mathbf{y}$ は直交します. 実対称行列 A は対角化可能で直交行列 P を選んで

$$P^{-1}AP = \begin{pmatrix} \lambda_1 & \cdots & \cdots & 0 \\ 0 & \lambda_2 & \cdots & 0 \\ \vdots & \vdots & \ddots & \vdots \\ 0 & \cdots & \cdots & \lambda_n \end{pmatrix}$$

とできます. ここで $\lambda_1, \dots, \lambda_n$ は A の固有値です.
例えば

$$A = \begin{pmatrix} 0 & 1 & -1 \\ 1 & 0 & 1 \\ -1 & 1 & 0 \end{pmatrix}$$

について A の固有値 λ は

$$\begin{vmatrix} -\lambda & 1 & -1 \\ 1 & -\lambda & 1 \\ -1 & 1 & -\lambda \end{vmatrix} = 0$$

を解いて $\lambda = 1, 1, -2$ です.
$\lambda = 1$ に対する固有ベクトルで 1 次独立なもの $\begin{pmatrix} 1 \\ 0 \\ -1 \end{pmatrix}, \begin{pmatrix} 0 \\ 1 \\ 1 \end{pmatrix}$ を正規直交化して (直交してそれぞれ長さ 1) $\begin{pmatrix} 1/\sqrt{2} \\ 0 \\ -1/\sqrt{2} \end{pmatrix}, \begin{pmatrix} 1/\sqrt{6} \\ 2/\sqrt{6} \\ 1/\sqrt{6} \end{pmatrix}$. また, $\lambda = -2$ に対する長さ 1 の固

有ベクトル $\begin{pmatrix} 1/\sqrt{3} \\ -1/\sqrt{3} \\ 1/\sqrt{3} \end{pmatrix}$ を合わせて

$$P = \begin{pmatrix} 1/\sqrt{2} & 1/\sqrt{6} & 1/\sqrt{3} \\ 0 & 2/\sqrt{6} & -1/\sqrt{3} \\ -1/\sqrt{2} & 1/\sqrt{6} & 1/\sqrt{3} \end{pmatrix}$$

が A を対角化する直交行列で

$$P^{-1}AP = \begin{pmatrix} 1 & 0 & 0 \\ 0 & 1 & 0 \\ 0 & 0 & -2 \end{pmatrix}$$

となります.

対角化の応用としてつぎをあげます.

$$A = \begin{pmatrix} 7 & -6 \\ 3 & -2 \end{pmatrix}$$

のとき A^n を計算します.

A の固有値は 1 と 4 です. A を対角化すると $P = \begin{pmatrix} 1 & 2 \\ 1 & 1 \end{pmatrix}$ により

$P^{-1} = \begin{pmatrix} -1 & 2 \\ 1 & -1 \end{pmatrix}$ で $P^{-1}AP = \begin{pmatrix} 1 & 0 \\ 0 & 4 \end{pmatrix}$ となります.

$$\begin{pmatrix} 1 & 0 \\ 0 & 4 \end{pmatrix}^n = \begin{pmatrix} 1 & 0 \\ 0 & 4^n \end{pmatrix}$$

ですので

$$(P^{-1}AP)(P^{-1}AP)\dots(P^{-1}AP) = \begin{pmatrix} 1 & 0 \\ 0 & 4^n \end{pmatrix}$$

$$P^{-1}A^nP = \begin{pmatrix} 1 & 0 \\ 0 & 4^n \end{pmatrix}$$

ゆえに

$$\begin{aligned} A^n &= P \begin{pmatrix} 1 & 0 \\ 0 & 4^n \end{pmatrix} P^{-1} \\ &= \begin{pmatrix} 1 & 2 \\ 1 & 1 \end{pmatrix} \begin{pmatrix} 1 & 0 \\ 0 & 4^n \end{pmatrix} \begin{pmatrix} -1 & 2 \\ 1 & -1 \end{pmatrix} = \begin{pmatrix} 2^{2n+1}-1 & 2-2^{2n+1} \\ 2^{2n}-1 & 2-2^{2n} \end{pmatrix} \end{aligned}$$

一般に変数 $x_1, \ldots, x_n$ を含む式

$$\sum_{i,j} c_{ij}x_ix_j = c_{11}x_1x_1 + \cdots + c_{ij}x_ix_j + \cdots + c_{nn}x_nx_n$$

を 2 次形式といいます. $x_{ij} = x_{ji}$ なので $a_{ij} = \dfrac{1}{2}(c_{ij} + c_{ji})$ とおけば上の 2 次形式は

$$\sum_{i,j} a_{ij}x_ix_j \quad (a_{ij} = a_{ji})$$

と書けます. $A = (a_{ij})$ は実対称行列です. $\mathbf{x} = \begin{pmatrix} x_1 \\ \vdots \\ x_n \end{pmatrix}$ とすると 2 次形式は

$${}^t\mathbf{x}A\mathbf{x} = (\mathbf{x}, A\mathbf{x})$$

と書けます. A は実対称行列なので直交行列 P を選んで

$$P^{-1}AP = \begin{pmatrix} \lambda_1 & 0 & \cdots & 0 \\ 0 & \lambda_2 & \cdots & 0 \\ \vdots & \vdots & \ddots & \vdots \\ 0 & 0 & \cdots & \lambda_n \end{pmatrix}$$

とできます. ここで $\lambda_1, \ldots, \lambda_n$ は A の固有値.
いま,

$$\mathbf{y} = P^{-1}\mathbf{x}$$

とおき, $x_1, \ldots, x_n$ を $y_1, \ldots, y_n$ に変換すると

$$\mathbf{x} = P\mathbf{y}, \quad {}^tP = P^{-1}$$

ですので

$${}^t\mathbf{x}A\mathbf{x} = {}^t(P\mathbf{y})A(P\mathbf{y}) = {}^t\mathbf{y}P^{-1}AP\mathbf{y} = {}^t\mathbf{y} \begin{pmatrix} \lambda_1 & 0 & \cdots & 0 \\ 0 & \lambda_2 & \cdots & 0 \\ \vdots & \vdots & \ddots & \vdots \\ 0 & 0 & \cdots & \lambda_n \end{pmatrix} \mathbf{y}$$

となります. すなわち

$${}^t\mathbf{x}A\mathbf{x} = \sum_{i=1}^{n} \lambda_i y_i^2 = \lambda_1 y_1^2 + \cdots + \lambda_n y_n^2$$

これを 2 次形式の標準形といいます．すなわち 2 次形式は直交変換によって座標を変換することにより，簡単な式 (標準形) に変換できることが分かります．
例えば，2 次曲線

$$9x^2 - 4xy + 6y^2 - 5 = 0$$

は $A = \begin{pmatrix} 9 & -2 \\ -2 & 6 \end{pmatrix}$ とおくと A の固有値は 5 と 10 ですので，直交行列

$$P = \frac{1}{\sqrt{5}} \begin{pmatrix} 1 & 2 \\ 2 & -1 \end{pmatrix}$$

によって

$$P^{-1}AP = \begin{pmatrix} 5 & 0 \\ 0 & 10 \end{pmatrix}$$

と対角化されるので，座標変換

$$\begin{pmatrix} X \\ Y \end{pmatrix} = P^{-1} \begin{pmatrix} x \\ y \end{pmatrix}$$

によって曲線の式は

$$5X^2 + 10Y^2 = 5$$

となります．これは楕円

$$X^2 + 2Y^2 = 1$$

です．
いままで主に成分が実数である実行列について述べてきましたが，ここで成分が複素数の行列を考えます．この行列を複素行列といいます．すなわち複素行列 $A = (a_{ij})$ で a_{ij} は複素数です．a_{ij} の共役複素数 $\overline{a_{ij}}$ を成分とする行列 $(\overline{a_{ij}})$ を $\overline{A}$ と書きます．すると「A が実行列 $\Leftrightarrow \overline{A} = A$」です．$\overline{{}^t A} = {}^t(\overline{A})$ が成り立ちますがこれを $A^* = \overline{{}^t A}$ と表わします．A が実行列 $\Leftrightarrow A^* = {}^t A$ となります．${}^t A = A$ なる行列は対称行列でしたが，複素行列のときは $A^* = A$ を満たす行列が重要でこれをエルミート行列といいます．実エルミート行列は実対称行列のことです．n 次複素ベクトル全体の $\mathbb{C}^n$ は複素ベクトル空間になり，その部分空間，ベクトルの 1 次独立性，基底などベクトルを複素ベクトル，スカラーを複素数として実ベクトル空間と同様に定義できます．
$\mathbb{C}^n$ のベクトル $\mathbf{a} = (a_1, \ldots, a_n), \mathbf{b} = (b_1, \ldots, b_n)$ に対して内積を

$$(\mathbf{a}, \mathbf{b}) = a_1\overline{b_1} + \cdots + a_n\overline{b_n} = \sum_{k=1}^{n} a_k\overline{b_k}$$

と定義します．エルミート内積ともいいます．内積の性質で実数のときと違うところは

$$\overline{(\mathbf{a},\mathbf{b})} = (\mathbf{b},\mathbf{a})$$

$$(\mathbf{a},\lambda\mathbf{b}) = \overline{\lambda}(\mathbf{a},\mathbf{b}) \quad (\lambda\text{はスカラー})$$

複素ベクトル $\mathbf{a} = (a_1, \ldots, a_n)$ のノルム (長さ)$\|\mathbf{a}\|$ は

$$\|\mathbf{a}\| = \sqrt{(\mathbf{a},\mathbf{a})} = \sqrt{|a_1|^2 + \cdots + |a_n|^2}$$

で負でない実数です．エルミート内積の定義された $\mathbf{C}$ 上の複素ベクトル空間を複素内積空間といいます．

V を $\mathbf{C}$ 上の複素内積空間とする．$\mathbf{a}, \mathbf{b} \in V$ に対して

$$\|\mathbf{a}+\mathbf{b}\|^2 = \|\mathbf{a}\|^2 + 2Re((\mathbf{a},\mathbf{b})) + \|\mathbf{b}\|^2$$

$$|(\mathbf{a},\mathbf{b})| \leqq \|\mathbf{a}\|\|\mathbf{b}\| \quad (\text{シュワルツの不等式})$$

$$\|\mathbf{a}+\mathbf{b}\| \leqq \|\mathbf{a}\| + \|\mathbf{b}\| \quad (\text{三角不等式})$$

が成り立ちます．

複素行列 A と $\mathbb{C}^n$ のベクトル $\mathbf{x}, \mathbf{y}$ に対して

$$(A\mathbf{x},\mathbf{y}) = {}^t(A\mathbf{x})\overline{\mathbf{y}} = {}^t\mathbf{x}\,{}^tA\overline{\mathbf{y}} = {}^t\mathbf{x}(\overline{{}^t\overline{A}\mathbf{y}}) = (\mathbf{x}, {}^t\overline{A}\mathbf{y})$$

$\overline{{}^tA} = A^*$ なので

$$(A\mathbf{x},\mathbf{y}) = (\mathbf{x}, A^*\mathbf{y})$$

となります．$U^{-1} = U^*$ すなわち $UU^* = E$ なる行列 U をユニタリー行列といいます．固有値, 固有ベクトルの概念も A を複素行列, ベクトル $\mathbf{x}$ を複素ベクトルと考えれば実行列のときと同様です．エルミート行列の固有値はすべて実数です．A がエルミート行列ならばユニタリー行列 U によって

$$U^*AU = \begin{pmatrix} \lambda_1 & 0 & \cdots & 0 \\ 0 & \lambda_2 & \cdots & 0 \\ \vdots & \vdots & \ddots & \vdots \\ 0 & 0 & \cdots & \lambda_n \end{pmatrix}$$

と対角化できます．このことは, 任意の複素正方行列 A に対してユニタリー行列 U を選んで

$$U^*AU = \begin{pmatrix} \lambda_1 & * & \cdots & * \\ 0 & \lambda_2 & \cdots & * \\ \vdots & \vdots & \ddots & \vdots \\ 0 & 0 & \cdots & \lambda_n \end{pmatrix} \quad (\lambda_1, \ldots, \lambda_n \text{は} A \text{の固有値})$$

と三角行列にできることが分かっているのでエルミート性を使って上記が成り立つことになります．

複素行列 A が $AA^* = A^*A$ を満たすならば対角化できることが分かっています．

$AA^* = A^*A$ を満たす正方行列を正規行列といいます．すなわち「正規行列は対角化可能」なお, エルミート行列, ユニタリー行列は正規行列の中で固有値がそれぞれ, すべて実数, 絶対値 1 の複素数として特徴付けられることに注意します．

n 個の複素数 $z_1, \ldots, z_n$ の式として

$$\sum_{i,j} a_{ij} z_i \overline{z_j}$$

を複素 2 次形式といいます．特に $a_{ji} = \overline{a_{ij}}$ であるときエルミート形式といいます．このとき, 係数行列 $A = (a_{ij})$ はエルミート行列なのでユニタリー行列 U によって

$$U^*AU = \begin{pmatrix} \lambda_1 & 0 & \cdots & 0 \\ 0 & \lambda_2 & \cdots & 0 \\ \vdots & \vdots & \ddots & \vdots \\ 0 & 0 & \cdots & \lambda_n \end{pmatrix}$$

とできます．したがつて $z = {}^t(z_1, \cdots, z_n)$ から $w = {}^t(w_1, \cdots, w_n)$ へ $w = U^*z$ によって変数変換して, 上記 2 次形式 $\sum_{i,j} a_{ij} z_i \overline{z_j}$ は標準形

$$\lambda_1 |w_1|^2 + \cdots + \lambda_n |w_n|^2$$

に変換することができます．

n 次正方行列 A がユニタリー行列であるための必要十分条件は $\mathbb{C}^n$ の任意のベクトル $\mathbf{a}, \mathbf{b}$ に対して

$$(A\mathbf{a}, A\mathbf{b}) = (\mathbf{a}, \mathbf{b})$$

が成り立つことです．内積を変えないという意味でユニタリー行列は実数行列の直交行列に当たります．

4.5 連立一次方程式

一般に n 元 m 立の連立 1 次方程式

$$\begin{cases} a_{11}x_1 + \cdots + a_{n1}x_n = b_1 \\ \vdots \\ a_{m1}x_1 + \cdots + a_{mn}x_n = b_m \end{cases}$$

は $A = \begin{pmatrix} a_{11} & \cdots & a_{n1} \\ \vdots & \ddots & \vdots \\ a_{m1} & \cdots & a_{mn} \end{pmatrix}$, $\mathbf{x} = \begin{pmatrix} x_1 \\ \vdots \\ x_n \end{pmatrix}$, $\mathbf{b} = \begin{pmatrix} b_1 \\ \vdots \\ b_m \end{pmatrix}$ とおくと

$A\mathbf{x} = \mathbf{b}$ と表わされます. このとき $(A\mathbf{b}) = \begin{pmatrix} a_{11} & \cdots & a_{1n} & b_1 \\ \vdots & \ddots & \vdots & \vdots \\ a_{m1} & \cdots & a_{mn} & b_m \end{pmatrix}$ と表わして,

「$A\mathbf{x} = \mathbf{b}$ が解をもつための必要十分条件は $rank(A\mathbf{b}) = rankA$ ($= r$ とおく) が成り立つこと」です. 解は $n - r$ 個の任意定数を含みます.

$n - r = 0$ すなわち $n = r$ のとき任意定数を含まず解は一通りです.

特に $\mathbf{b} = \begin{pmatrix} b_1 \\ \vdots \\ b_m \end{pmatrix} = \begin{pmatrix} 0 \\ \vdots \\ 0 \end{pmatrix} = \mathbf{0}$ のとき, すなわち同次連立 1 次方程式 $A\mathbf{x} = \mathbf{0}$ が非自明解をもつための必要十分条件は $rankA < n$ となることです. 従って $rankA \leqq m$ なので $m < n$ なら非自明解をもちます.

「n 次正方行列 A に対して A が正則行列, $rankA = n$, $|A| \neq 0$ は互いに同値」証明はしません. 従って特に $m = n$ のとき, すなわち n 元 n 立の同次連立 1 次方程式 $A\mathbf{x} = \mathbf{0}$ は $|A| = 0$ なら $rankA < n$ となりますので $A\mathbf{x} = \mathbf{0}$ は非自明解をもちます. 前に述べたように $A\mathbf{x} = \mathbf{0}$ が非自明解をもてば $|A| = 0$ ($|A| \neq 0$ なら自明解をもつの対偶) したがつて,

「$|A| = 0$ は $A\mathbf{x} = \mathbf{0}$ が非自明解をもつための必要十分条件」です.

いままで述べてきたように n 元 m 立連立 1 次方程式は解が存在する場合と存在しない場合があります. 存在する場合も一通りに定まる場合と無数に存在する場合 (任意定数を含む場合) があります.

具体的な例をあげます. つぎの連立 1 次方程式 (1), (2), (3) を掃き出し法といわれる

方法で解きます.

(1)

$$\begin{cases} x_1 + x_2 + x_3 = 6 \\ 2x_1 - x_2 + x_3 = 3 \\ 3x_1 + 2x_2 - x_3 = 4 \end{cases}$$

(2)

$$\begin{cases} x_1 + x_2 + x_3 = 6 \\ 2x_1 + 2x_2 + 2x_3 = 12 \\ 3x_1 + 2x_2 - x_3 = 4 \end{cases}$$

(3)

$$\begin{cases} x_1 + x_2 + x_3 = 6 \\ 2x_1 + 2x_2 + 2x_3 = 10 \\ 3x_1 + 2x_2 - x_3 = 4 \end{cases}$$

(1)

$$\begin{array}{ccc|cll}
1 & 1 & 1 & 6 & & \\
2 & -1 & 1 & 3 & & \\
3 & 2 & -1 & 4 & & \\
\hline
1 & 1 & 1 & 6 & & \\
0 & -3 & -1 & -9 & \leftarrow & 2\text{行} - 1\text{行} \times 2 \\
0 & -1 & -4 & -14 & \leftarrow & 3\text{行} - 1\text{行} \times 3 \\
\hline
1 & 1 & 1 & 6 & & \\
0 & 1 & \frac{1}{3} & 3 & \leftarrow & 2\text{行} \times -\frac{1}{3} \\
0 & -1 & -4 & -14 & & \\
\hline
1 & 1 & 1 & 6 & & \\
0 & 1 & \frac{1}{3} & 3 & & \\
0 & 0 & -\frac{11}{3} & -11 & \leftarrow & 3\text{行} + 2\text{行} \\
\hline
1 & 1 & 1 & 6 & & \\
0 & 1 & \frac{1}{3} & 3 & & \\
0 & 0 & 1 & 3 & \leftarrow & 3\text{行} \times (-\frac{3}{11}) \\
\hline
1 & 1 & 0 & 3 & \leftarrow & 1\text{行} - 3\text{行} \\
0 & 1 & 0 & 2 & \leftarrow & 2\text{行} - 3\text{行} \times \frac{1}{3} \\
0 & 0 & 1 & 3 & & \\
\hline
1 & 0 & 0 & 1 & \leftarrow & 1\text{行} - 2\text{行} \\
0 & 1 & 0 & 2 & & \\
0 & 0 & 1 & 3 & &
\end{array}$$

$$\begin{cases} 1x_1 + 0x_2 + 0x_3 = 1 \\ 0x_1 + 1x_2 + 0x_3 = 2 \\ 0x_1 + 0x_2 + 1x_3 = 3 \end{cases}$$

$$x_1 = 1, \quad x_2 = 2, \quad x_3 = 3$$

(1) は　$x_1 = 1,\ \ x_2 = 2,\ \ x_3 = 3$ と解は一通り.

(2)

$$
\begin{array}{rrr|rll}
1 & 1 & 1 & 6 & & \\
2 & 2 & 2 & 12 & & \\
3 & 2 & -1 & 4 & & \\
\hline
1 & 1 & 1 & 6 & & \\
0 & 0 & 0 & 0 & \leftarrow & 2\text{行} - 1\text{行} \times 2 \\
0 & -1 & -4 & -14 & \leftarrow & 3\text{行} - 1\text{行} \times 3 \\
\hline
1 & 1 & 1 & 6 & & \\
0 & -1 & -4 & -14 & \leftarrow & 2\text{行と}\ 3\text{行の入れ替え} \\
0 & 0 & 0 & 0 & \swarrow & \\
\hline
1 & 1 & 1 & 6 & & \\
0 & 1 & 4 & 14 & \leftarrow & 2\text{行} \times (-1) \\
0 & 0 & 0 & 0 & & \\
\hline
1 & 0 & -3 & -8 & \leftarrow & 1\text{行} - 2\text{行} \\
0 & 1 & 4 & 14 & & \\
0 & 0 & 0 & 0 & &
\end{array}
$$

$$
\begin{cases}
1x_1 + 0x_2 - 3x_3 = -8 & \rightarrow \quad x_1 = -8 + 3x_3 \\
0x_1 + 1x_2 + 4x_3 = 14 & \rightarrow \quad x_2 = 14 - 4x_3 \\
0x_1 + 0x_2 + 0x_3 = 0 & \rightarrow \quad \text{どんな}\ x\ \text{についても成り立つ}
\end{cases}
$$

$x_3 = \alpha$　(αは任意) とおくと　$x_1 = -8 + 3\alpha,\quad x_2 = 14 - 4\alpha$

$x_1 = -8 + 3\alpha,\quad x_2 = 14 - 4\alpha,\quad x_3 = \alpha$　(αは任意) が解

従って, (2) は　$x_1 = -8 + 3\alpha,\quad x_2 = 14 - 4\alpha,\quad x_3 = \alpha$　(αは任意) と解は無数.

(3)

$$
\begin{array}{ccc|cl}
1 & 1 & 1 & 6 & \\
2 & 2 & 2 & 10 & \\
3 & 2 & -1 & 4 & \\
\hline
1 & 1 & 1 & 6 & \\
0 & 0 & 0 & -2 & \leftarrow \ 2\text{行} - 1\text{行} \times 2 \\
0 & -1 & -4 & -14 & \leftarrow \ 3\text{行} - 1\text{行} \times 3 \\
\hline
1 & 1 & 1 & 6 & \\
0 & -1 & -4 & -14 & \leftarrow \ 2\text{行と}\ 3\text{行の入れ替え} \\
0 & 0 & 0 & -2 & \swarrow \\
\hline
1 & 1 & 1 & 6 & \\
0 & 1 & 4 & 14 & \leftarrow \ 2\text{行} \times (-1) \\
0 & 0 & 0 & -2 & \\
\hline
1 & 0 & -3 & -8 & \leftarrow \ 1\text{行} - 2\text{行} \\
0 & 1 & 4 & 14 & \\
0 & 0 & 0 & -2 &
\end{array}
$$

$$
\begin{cases}
1x_1 + 0x_2 - 3x_3 = -8 \\
0x_1 + 1x_2 + 4x_3 = 14 \\
0x_1 + 0x_2 + 0x_3 = -2 \quad \rightarrow \quad \text{矛盾がおきる}
\end{cases}
$$

x_1, x_2, x_3 にどんな数を入れても $0 = -2$ となり矛盾がおきる. 従って (3) は解なし.
連立方程式については 0 でない数を掛けて他のある式に加えても引いても, また式の順番を入れかえても変わらないので上記のようにできるのです. A が正則行列なら適当に正則行列 P を選んで $PA = E$ (E は単位行列) となりますが, このとき $PE = P(AA^{-1}) = (PA)A^{-1} = EA^{-1} = A^{-1}$ なので A の逆行列 A^{-1} が求まります. 掃き出し法のときのように A に行う操作と同じ操作を E に行うと A^{-1} が得られるわけです. 例えば $A = \begin{pmatrix} 1 & 0 & 0 \\ 2 & 1 & 0 \\ 3 & 4 & 1 \end{pmatrix}$ のとき, つぎのようにして

$A^{-1} = \begin{pmatrix} 1 & 0 & 0 \\ -2 & 1 & 0 \\ 5 & -4 & 1 \end{pmatrix}$ と求まります.

$$
\begin{array}{ccc|ccccl}
1 & 0 & 0 & 1 & 0 & 0 & & \\
2 & 1 & 0 & 0 & 1 & 0 & & \\
3 & 4 & 1 & 0 & 0 & 1 & & \\
\hline
1 & 0 & 0 & 1 & 0 & 0 & & \\
0 & 1 & 0 & -2 & 1 & 0 & \leftarrow & 2\text{行} - 1\text{行} \times 2 \\
0 & 4 & 1 & -3 & 0 & 1 & \leftarrow & 3\text{行} - 1\text{行} \times 3 \\
\hline
1 & 0 & 0 & 1 & 0 & 0 & & \\
0 & 1 & 0 & -2 & 1 & 0 & & \\
0 & 0 & 1 & 5 & -4 & 1 & \leftarrow & 3\text{行} - 2\text{行} \times 4
\end{array}
$$

左上が A, 右下が A^{-1} です.

5 微分積分

5.1 数列と級数

まず数列の話からはじめます. 数を $a_1, a_2, \ldots, a_n, \ldots$ のように1番目, 2番目, $\ldots, n$ 番目と順番に並べたものを数列といい $\{a_n\}$ と書きます. 何番目にどんな数がきているかという規則が定まっている数の並びが数列です. n 番目にくる数を a_n と表し, a_n を数列 $\{a_n\}$ の第 n 項（一般項）といいます.
n を限りなく大きくしたとき数列 $\{a_n\}$ がある一定の数 a に限りなく近づく, すなわち, $n \to \infty$ のとき $|a_n - a| \to 0$ ならば

$$a_n \to a \ (n \to \infty) \text{ または } \lim_{n\to\infty} a_n = a$$

と書いて数列 $\{a_n\}$ は a に収束するといい, a をその数列 $\{a_n\}$ の極限 (値) といいます.
ϵ-N 論法では, 任意の $\epsilon > 0$ に対して適当な番号 N がとれて $n > N$ ならば $|a_n - a| < \epsilon$ とできることで論理記号を用いて, $\forall\epsilon > 0, \exists N; n > N \Rightarrow |a_n - a| < \epsilon$ と表わします. 収束しないときは発散するといいます.
数列 $\{a_n\}$ が与えられたとき, その数列 $\{a_n\}$ が収束するのか発散するのかを知ることが大切です.

$$\lim_{m,n\to\infty} |a_m - a_n| = 0$$

を満たす数列 $\{a_n\}$ くわしくは, 任意の $\epsilon > 0$ に対して適当な番号 N がとれて,
$m, n > N$ ならば

$$|a_m - a_n| < \epsilon$$

とできるような数列 $\{a_n\}$, すなわち十分先のどの2つの数もいくらでも近くできるとき数列 $\{a_n\}$ はコーシー列であるといいます.
「収束する数列はコーシー列」です. 実際, 極限を a として $|a_m - a_n| \leqq |a_m - a| + |a_n - a|$ より $m, n \to \infty$ ならば, 右辺 $\to 0$ したがつて, 左辺 $\to 0$ となります. 逆に「実数のコーシー列はある実数に収束する.」このことは実数の性質から分かるのですが証明は省きます. 注意すべきはコーシー列には極限値は表れていません. 数列 $\{a_n\}$ がコーシー列であることを知ればその数列は何らかの極限に収束することが分るのです.

「有界な実数の集合には上限, 下限が存在する」という実数のもつ性質からでてくることですが, 「単調増加で上に有界か, 単調減少で下に有界な数列 $\{a_n\}$ は収束する」ことが成り立ちます.
ここで数列 $\{a_n\}$ が単調増加（減少）とは $n < m$ なら $a_n \leqq a_m (a_n \geqq a_m)$ のことで上に (下に) 有界とはどんな n に対しても $a_n \leqq M$ なる定数 $M (a_n \geqq L$ なる定数 L) が存在することをいいます.
例をあげます.
一般項 $a_n = \left(1 + \dfrac{1}{n}\right)^n$ の数列 $\{a_n\}$ を考えます. 二項定理を使うと

$$\left(1 + \frac{1}{n}\right)^n < \left(1 + \frac{1}{n+1}\right)^{n+1}$$

$$2 < \left(1 + \frac{1}{n}\right)^n < 3$$

を示すことができます. すなわち数列 $\{a_n\}$ は単調増加で上に有界 (3 を超えない) ですので何かある数に収束することが先に述べたことから保証されます. このある数は 2 と 3 の間の数で 2.718⋯ですがこの数を e と書きます. すなわち

$$\lim_{n \to \infty} \left(1 + \frac{1}{n}\right)^n = e$$

その数 e は無理数であることが知られています. すなわち e は循環しない無限小数です.
基本的な次のことが成り立ちます.
数列 $\{a_n\}$,$\{b_n\}$ について, $n \to \infty$ のとき $a_n \to a, \quad b_n \to b$ ならば

$$a_n + b_n \to a + b$$

$$ka_n \to ka \quad (k \text{ は定数})$$

$$a_n b_n \to ab$$

$$\frac{a_n}{b_n} \to \frac{a}{b} \quad (b \neq 0)$$

数列 $\{a_n\}, \{b_n\}, \{c_n\}$ について
$a_n \leqq c_n \leqq b_n$ で $a_n \to a$ かつ $b_n \to a$ ならば
$\{c_n\}$ も収束して $c_n \to a$

このことははさみ打ちの原理といわれることがあります.

数列の各項を＋で結んだ

$$a_1 + a_2 + \cdots + a_n + \cdots$$

を $\sum_{k=1}^{\infty} a_k$ とも書いて無限級数といいます. 有限級数は必ず和が決まりますが無限級数は和が決まる場合とそうでない場合があります.

前者のとき級数 $\sum_{k=1}^{\infty} a_k$ は収束する. そうでないとき発散するといいます.

くわしくは $S_n = a_1 + a_2 + \cdots + a_n$ とおいて数列 $\{S_n\}$ が S に収束するとき級数 $\sum_{k=1}^{\infty} a_k$ は収束するといい

$$a_1 + a_2 + \cdots + a_{\mathrm{n}} + \cdots = S$$

と書き, S を和といいます.

級数が収束するための必要十分条件は数列のコーシー判定法から

$$\lim_{m,n\to\infty} |S_m - S_n| = 0$$

すなわち, $m > n$ として

$$\lim_{m,n\to\infty} |a_{n+1} + a_{n+2} + \cdots + a_m| = 0$$

が成り立つことであることが分かります.

数列のときと同様に級数 $\sum_{k=1}^{\infty} a_k$ においても収束するか発散するかを知ることが問題ですが, 和が何になるかを知り得なくても和の存在の有無を知ることができます.

「$\sum_{k=1}^{\infty} a_k$ が収束すれば $n \to \infty$ のとき $a_n \to 0$」が成り立ちます.

なぜなら $a_n = S_n - S_{n-1} \quad (n \geqq 2)$ で $S_n \to S, \quad S_{n-1} \to S$ より $a_n \to S - S = 0$ だからです。

すると対偶をとって

「$a_n \to 0$ でないなら $\sum_{k=1}^{\infty} a_k$ は収束しません. すなわち発散します.」

各項が正の級数を正項級数といいます. 有界な正項級数は収束します.

$\sum_{n=1}^{\infty} |a_n|$ が収束するとき $\sum_{n=1}^{\infty} a_n$ は絶対収束するといいます.

「$\sum_{n=1}^{\infty} a_n$ が絶対収束すれば収束する」

ことが分かります. $\sum_{n=1}^{\infty} |a_n|$ は正項級数ですので今から述べる収束判定法が使えることになります.

正項級数の比較判定法とは「正項級数 $\sum_{n=1}^{\infty} a_n, \sum_{n=1}^{\infty} b_n$ について、$a_n \leqq kb_n$ なる正の定数 k が存在すれば

$\sum_{n=1}^{\infty} b_n$ が収束すれば $\sum_{n=1}^{\infty} a_n$ も収束.

また, $\sum_{n=1}^{\infty} a_n$ が発散すれば $\sum_{n=1}^{\infty} b_n$ も発散する」というものです.

例えば, $\sum_{n=1}^{\infty} \sin\frac{1}{2^n}$ は $|\sin\frac{1}{2^n}| \leqq \frac{1}{2^n}$ で $\sum_{n=1}^{\infty} \frac{1}{2^n}$ は収束しますので比較定理より

$\sum_{n=1}^{\infty} |\sin\frac{1}{2^n}|$ は収束します.

したがって $\sum_{n=1}^{\infty} \sin\frac{1}{2^n}$ は絶対収束. したがって収束します.

比較定理から得られるダ・ランベールの定理といわれるつぎのことが成り立ちます.

「正項級数 $\sum_{n=1}^{\infty} a_n$ について

$$\lim_{n\to\infty} \frac{a_{n+1}}{a_n} = r$$

で $0 \leqq r < 1$ なら収束する, $r > 1$ なら発散する.」

例えば $\sum_{n=1}^{\infty} \frac{n}{3^n}$ が収束することがつぎのように分かります. $n \to \infty$ のとき

$$\frac{a_{n+1}}{a_n} = \frac{1}{3}\frac{n+1}{n} \to \frac{1}{3} < 1$$

もう一つ, つぎのコーシーの判定法があります.

「正項級数 $\sum_{n=1}^{\infty} a_n$ について $\lim_{n\to\infty} \sqrt[n]{a_n} = r$ で

$0 \leqq r < 1$ なら $\sum_{n=1}^{\infty} a_n$ は収束する.

$r > 1$ なら $\sum_{n=1}^{\infty} a_n$ は発散する.」

例えば $\displaystyle\sum_{n=1}^{\infty}\frac{1}{n^n}$ は

$n\to\infty$ のとき $\displaystyle\sqrt[n]{\frac{1}{n^n}}=\frac{1}{n}\to 0$ ですので, $\displaystyle\sum_{n=1}^{\infty}\frac{1}{n^n}$ は収束します.

つぎに, $a_n>0\quad(n=1,2,\dots)$ として

$$a_1-a_2+a_3-\cdots+(-1)^{n-1}\frac{1}{n}+\cdots$$

は交代級数といわれます.

交代級数は $a_1\geqq a_2\geqq\dots$ で $n\to\infty$ のとき $a_n\to 0$ ならば収束します. ライプニッツの定理といわれる定理です.

例えば

$$1-\frac{1}{2}+\frac{1}{3}-\cdots+(-1)^{n-1}\frac{1}{n}+\cdots$$

は $n\to\infty$ のとき $\dfrac{1}{n}\to 0$ なので収束します.

和は $\log 2$ になるのですが, このことは後に述べることにします.

一般に $\displaystyle\sum_{n=1}^{\infty}a_n$ は収束するが $\displaystyle\sum_{n=1}^{\infty}|a_n|$ は発散するとき $\displaystyle\sum_{n=1}^{\infty}a_n$ は条件収束するといいます.

すると $1-\dfrac{1}{2}+\dfrac{1}{3}-\dots$ は条件収束します.

これに反して調和級数といわれる $1+\dfrac{1}{2}+\dfrac{1}{3}+\cdots$ は発散します.

これは, いわゆるゼーター関数

$$\zeta(s)=\sum_{n=1}^{\infty}\frac{1}{n^s}$$

の

$$\zeta(1)=1+\frac{1}{2}+\frac{1}{3}+\cdots=\infty$$

に当たります.

$$\zeta(2)=1+\frac{1}{4}+\frac{1}{9}+\cdots=\frac{\pi^2}{6}$$

となるのですがこれ以上はふれません.

s が偶数のときは $\zeta(s)=\pi^s\times$ (有理数) の形で求まることが分かっています.

$$\zeta(0) = 1 + 1 + 1 + \cdots = -\frac{1}{2}$$
$$\zeta(-1) = 1 + 2 + 3 + \cdots = -\frac{1}{12}$$
$$\zeta(-2) = 1 + 2^2 + 3^2 + \cdots = 0$$

$s \leqq 0$ のとき $\zeta(s)$ は定義からは発散するのですが, 和をとる工夫をうまくして, 適切に意味を考えてゆけば発散級数も和を上記のように計算できるのです.

5.2 関数の極限

つぎに関数の極限のことを述べます. まずは, 1 実変数の実数値関数 $y = f(x)$ について考えます.
関数 $f(x)$ は定義域 I で定義されているとします. $x, a \in I$ で $x \to a$ のとき $f(x) \to l$ を

$$\lim_{x \to a} f(x) = l$$

と書き l を $f(x)$ の $x \to a$ のときの極限 (値) といいます. 記法 $x \to a$ は $x \neq a$ で x が限りなく a に近づくことです. すなわち $|x - a| \to 0$ のことです. $f(x) \to l$ は $f(x)$ が l に限りなく近づくことで $f(x) = l$ も許します. くわしくは, 任意の $\epsilon > 0$ に対して, 適当に $\delta > 0$ (a によって変わってもよい) をとれば $|x - a| < \delta \Rightarrow |f(x) - l| < \epsilon$ が成り立つことです. 論理記号を使って

$$\forall \epsilon > 0, \exists \delta > 0; |x - a| < \delta \Rightarrow |f(x) - l| < \epsilon$$

と書いたりします. いわゆる ϵ-δ 論法といわれるものです.
注意すべきは $x \to a$ のとき $f(x) \to l$ は x が a に大きい方から $(a < x)$ 近づいても小さい方から $(x < a)$ 近づいても $f(x)$ は同じ l に近づくということです. x が a より大きい方から a に近づくとき $x \to a + 0$, 小さい方から a 近づくとき $x \to a - 0$ と書きます.
特に $a = 0$ のとき $x \to 0 + 0$ を $x \to +0$, $\quad x \to 0 - 0$ を $x \to -0$ と書きます.
関数 $f(x)$ について $x = a$ のときの $f(a)$ を $f(x)$ の $x = a$ における値 (value) といいます.

$x \to a$ のとき $f(x)$ の極限値と $x = a$ における値は一致することはあっても別の概念です.
例えば

$$f(x) = \frac{x^2-1}{x-1}$$

のとき $f(1)$ は $\dfrac{0}{0}$ となり値はありません. $f(x) = \dfrac{x^2-1}{x-1}$ は $x=1$ では定義されていません. 一方 $x \to 1$ のときの $f(x)$ の極限値はつぎのように 2 です.

$$\lim_{x \to 1} \frac{x^2-1}{x-1} = \lim_{x \to 1} \frac{(x-1)(x+1)}{x-1} = \lim_{x \to 1}(x+1) = 2$$

$x \to 1$ は $x \neq 1$ で $x \to 1$ なので上のように極限値 2 は存在します.
関数 $f(x)$ の $x = a$ における値が定義されていて, a における極限値 $\lim_{x \to a} f(x)$ が存在してそれらが一致するとき, すなわち

$$\lim_{x \to a} f(x) = f(a)$$

が成り立つとき $f(x)$ は $x = a$ で連続といいます.
$f(x)$ が定義域 I の各点で連続のとき I で連続といいます.
　$f(x) = \dfrac{|x|}{x}$ について $f(0)$ は存在しません. $\lim_{x \to 0} \dfrac{|x|}{x}$ も存在しません.
なぜなら $\lim_{x \to +0} \dfrac{|x|}{x} = \lim_{x \to +0} \dfrac{x}{x} = 1,\ \lim_{x \to -0} \dfrac{|x|}{x} = \lim_{x \to -0} \dfrac{-x}{x} = -1$ で一致しないからです.
　$\lim_{x \to a+0} f(x)$ と $\lim_{x \to a-0} f(x)$ ともに存在して一致するときのみ $\lim_{x \to a} f(x)$ は存在するということに注意します.
I で定義された関数 $f(x), g(x)$ について $x \to a$ のとき $f(x) \to l,\quad g(x) \to m$ ならば

$$f(x) + g(x) \to l + m$$

$$kf(x) \to kl \quad (k \text{ は定数})$$

$$f(x)g(x) \to lm$$

$$\frac{f(x)}{g(x)} \to \frac{l}{m} \quad (m \neq 0)$$

が成り立ちます.

このことは ϵ-δ 論法で示せますが, $\lim_{x \to a} f(x) = l$ は a に収束する数列 $\{a_n\}$ に対して $f(a_n) \to l$ が成り立つことと同値ですので, 数列の極限の定理からも示せます.

l を $f(a), m$ を $g(a)$ と関数値におきかえれば, 連続関数の定義から連続関数の和, 定数倍,(したがって差), 積, 商（0 で割ること, 分母を 0 にする点を除いて）もまた連続であることが分かります.

例をあげます.

$f(x) = \dfrac{x^2-1}{x-1}$ は $x=1$ の値が定義されていないので $x=1$ で不連続ですが, $x \to 1$ のときの極限値 2 を $x=1$ のときの値と定めた関数

$$g(x) = \begin{cases} \dfrac{x^2-1}{x-1} & (x \neq 1 \text{ のとき}) \\ 2 & (x = 1 \text{ のとき}) \end{cases}$$

は $x=1$ でも連続です.

つぎに連続関数の重要な性質である定理を二つあげます. まずは, 中間値の定理といわれるものです.

「$f(x)$ が $[a,b]$ $(a < b)$ で連続で, $f(a) > 0$ かつ $f(b) < 0$ または $f(a) < 0$ かつ $f(b) > 0$ すなわち $f(a)$ と $f(b)$ が異符号ならば, a と b の間に $f(c) = 0 \quad (a < c < b)$ なる c が存在する.」

このことから $f(a) < f(b)$ として, $f(a) < \gamma < f(b)$ なる γ に対して $f(c) = \gamma$ $(a < \mathrm{c} < \mathrm{b})$ なる c が存在することが分かります.

なぜなら $g(x) = \gamma - f(x)$ とおいて $g(x)$ に対して上の結果を使えば得られます.

もう 1 つは

「有界閉集合 $[a,b]$ で定義された連続関数は $[a,b]$ のどこかで最大値, 最小値をとる」

という定理です. これは実数の連続性公理 (上に有界なら上限, 下に有界なら下限が存在する) を使って示せます.

いくつかの代表的な関数の極限の例をあげます.

$$\lim_{x \to 0} \frac{\sin x}{x} = 1$$

$$\lim_{x \to \infty} (1 + \frac{1}{x})^x = \lim_{x \to 0} (1+x)^{\frac{1}{x}} = e$$

$$\lim_{x \to 0} \frac{e^x - 1}{x} = 1$$

$$\lim_{x \to 0} \frac{\log(1+x)}{x} = 1$$

これらの極限は後に与えられた関数の導関数を求めるときに用います.

$\lim_{x \to 0} \frac{\sin x}{x} = 1$ を示します.

$x \to 0$ のときを考えるので $0 < x < \frac{\pi}{2}$ として $\sin x < x < \tan x$ が分かります.

$\sin x > 0$ ですので $1 < \frac{x}{\sin x} < \frac{1}{\cos x}$

$x \to 0$ として $\frac{1}{\cos x} \to 1$

はさみ打ちの原理より $\frac{x}{\sin x} \to 1$. 逆数をとって $\frac{\sin x}{x} \to 1$

$-\frac{\pi}{2} < x < 0$ のときは $0 < -x < \frac{\pi}{2}$ ですので前の x を $-x$ で置き換えて考えれば $\lim_{x \to 0} \frac{\sin x}{x} = 1$ が示せます.

5.3 微分

I で定義された関数 $f(x)$ について a を固定して極限

$$f'(a) = \lim_{x \to a} \frac{f(x) - f(a)}{x - a} = \lim_{h \to 0} \frac{f(a+h) - f(a)}{h}$$

($x - a = h$ とおくと $x \to a$ と $h \to 0$ は同値になるので上のように書けます) が存在する（有限確定値）とき $f(x)$ は a で微分可能（differentiable）といい, 極限値を $f'(a)$ と書き, a における微分係数といいます. $f(x)$ が $x = a$ で微分可能とは $\lim_{h \to 0} \frac{f(a+h) - f(a)}{h}$ が存在することでしたが

$$f(a+h) = f(a) + f'(a)h + o(h)$$

と表わされることともいえます. 実際

$$\frac{f(a+h) - f(a)}{h} = f'(a) + \epsilon \quad (h \to 0 \text{ のとき} \epsilon \to 0)$$

と書けますので

$$f(a+h) = f(a) + f'(a)h + \epsilon h = f(a) + f'(a)h + o(h). \quad \epsilon h = o(h)$$

$o(h)$ は

$$\lim_{h \to 0} \frac{o(h)}{h} = 0$$

を満たす h より高位の無限小を表わすランダウの記号です.
$f'(a)$ は $y=f(x)$ のグラフ上の点 $(a, f(a))$ における接線の傾きであることに注意します. $f(x)$ が a で微分可能なら a で連続なことも分かります. 関数 $f(x)$ が $x \to a$ のとき $f(x) \to l$ となるのは a に収束する数列 $\{a_n\}$ に対して数列 $\{a_n\}$ が l に収束することと同値になります. 一言でいえば関数は連続的に, 数列は離散的に近づくといえます.
$f(x)$ が I の各点で微分可能のとき I で微分可能といいますが, このとき I の各点 a を変数 x で書いて

$$f'(x) = \lim_{h \to 0} \frac{f(x+h) - f(x)}{h}$$

を $f(x)$ の導関数といいます.
$y = f(x)$ として, $f'(x)$ を y', $\dfrac{dy}{dx}$, $\dfrac{d}{dx}f(x)$ とも書きます.
例えば $f(x) = x^n$ (n は自然数) のとき $f'(x) = nx^{n-1}$ となります. 実際, 定義に従って計算すると

$$\begin{aligned}
f'(x) &= \lim_{h \to 0} \frac{(x+h)^n - x^n}{h} \\
&= \lim_{h \to 0} \frac{1}{h}\{x^n + nx^{n-1}h + \frac{n(n-1)}{2}x^{n-2}h^2 + \cdots + h^n - x^n\} \\
&= nx^{n-1}
\end{aligned}$$

ここで二項定理

$$(a+b)^n = \sum_{r=0}^{n} \binom{n}{r} a^{n-r} b^r$$

$$\binom{n}{r} = \frac{n(n-1)\ldots(n-r+1)}{r!}$$

を使いました.
与えられた関数の導関数を求めることを微分するといいます. 具体的に関数を微分するのは定義にもどって極限を計算する必要はなく, 基本的な関数の極限と次の微分法を用います. すなわち
$f(x), g(x)$ を微分可能とするとき和, スカラー倍（したがって差）, 積, 商（分母を 0

にする点を除いて）も微分可能となり，つぎが成り立ちます．

$$\begin{aligned}(f(x)+g(x))' &= f'(x)+g'(x)\\ (kf(x))' &= kf'(x) \quad (k\text{ は定数})\\ f(x)g(x)' &= f'(x)g(x)+f(x)g'(x)\\ \left(\frac{f(x)}{g(x)}\right)' &= \frac{f'(x)g(x)-f(x)g'(x)}{(g(x))^2} \quad (g(x)\neq 0)\end{aligned}$$

上の公式を使って多項式（整関数），有理関数（分数関数）の導関数を求めることができます．これ等は高校数学で学んだことです．

合成関数の微分法をつぎに述べます．

$y=f(x), z=g(y)$ のとき $z=g(f(x))$ で z を x の関数とみて f と g の合成関数といい，$g\circ f$ と書きます．すなわち $z=g\circ f(x)=g(f(x))$．このとき

$$\frac{dz}{dx}=\frac{dz}{dy}\frac{dy}{dx}, \quad g'(y)f'(x)=g'(f(x))f'(x)$$

これは連鎖律（chain rule）といわれます．これからいわゆる関数 $y=f(x)$ の逆関数 $x=g(y)$ の微分法

$$\frac{dx}{dy}=\frac{1}{\dfrac{dy}{dx}}, \quad g(f(x))'=\frac{1}{f'(x)}$$

が得られます．上記の証明はここではふれません．

例をあげます

$$y=(x^3+2x+1)^5$$

は合成関数の微分法より

$$y'=5(x^3+2x+1)^4(3x^2+2)$$

となります．無理関数，三角関数，指数関数，対数関数，逆三角関数の微分法をつぎに述べます．まず，

$$f(x)=e^x$$

なる指数関数について

$$f'(x)=\lim_{h\to 0}\frac{e^{x+h}-e^x}{h}=e^x\lim_{h\to 0}\frac{e^h-1}{h}=e^x\cdot 1=e^x$$

ここで

$$\lim_{h \to 0} \frac{e^h - 1}{h} = 1$$

はつぎのように示されます. $e^h - 1 = k$ とおくと $e^h = 1 + k$, $h = \log(1 + k)$ ゆえに

$$\lim_{h \to 0} \frac{e^h - 1}{h} = \lim_{k \to 0} \frac{k}{\log(1 + k)} = 1$$

ここで e の定義

$$\lim_{n \to \infty} (1 + \frac{1}{n})^n = e$$

より

$$\lim_{x \to \infty} (1 + \frac{1}{x})^x = \lim_{x \to 0} (1 + x)^{\frac{1}{x}} = e$$

がいえますので両辺の自然対数をとって

$$\lim_{x \to 0} \log(1 + x)^{\frac{1}{x}} = 1$$

ゆえに

$$\lim_{x \to 0} \frac{\log(1 + x)}{x} = 1$$

したがって

$$\lim_{k \to 0} \frac{k}{\log(1 + k)} = 1$$

となります. 対数関数の微分法は, 対数関数が指数関数の逆関数であることを使っても示せますが, まずは定義に従って示します.

$$\begin{aligned}
(\log x)' &= \lim_{h \to 0} \frac{\log(x + h) - \log x}{h} \\
&= \lim_{h \to 0} \frac{1}{h} \log\left(1 + \frac{h}{x}\right) \\
&= \lim_{h \to 0} \frac{1}{x} \log\left(1 + \frac{h}{x}\right)^{\frac{x}{h}} \\
&= \lim_{h \to 0} \frac{1}{x} \cdot 1 = \frac{1}{x}
\end{aligned}$$

ここで

$$\lim_{h \to 0} \left(1 + \frac{h}{x}\right)^{\frac{x}{h}} = e$$

を使いました.

逆関数の微分法を使って示すと $y = \log x$ より $x = e^y$,

$$\frac{dx}{dy} = e^y$$

$$\frac{dy}{dx} = \frac{1}{e^y} = \frac{1}{x}$$

となります. 今までは指数関数, 対数関数で底が e のときを考えましたが,

底が $a \quad (a > 0, a \neq 1)$ のときは次のようになります.

$$(a^x)' = (e^{x \log a})' = e^{xloga} \log a = a^x \log a$$

$$(\log_a x)' = \left(\frac{\log x}{\log a}\right)' = \frac{1}{\log a} \cdot \frac{1}{x}$$

最初の式では合成関数の微分法を用いました.

関数 x^n の導関数 nx^{n-1} は n が自然数のときでしたが, 指数 n が一般の実数 α のときは

$$(x^\alpha)' = (e^{\alpha \log x})' = e^{\alpha \log x} \alpha \frac{1}{x} = x^\alpha \alpha \frac{1}{x} = \alpha x^{\alpha - 1}$$

となり, $(x^n)' = nx^{n-1}$ は n が自然数でなくても実数の定数なら成り立つことになります. このことより例えば, 無理関数を微分すると

$$(\sqrt{x})' = (x^{\frac{1}{2}})' = \frac{1}{2} x^{-\frac{1}{2}} = \frac{1}{2\sqrt{x}}$$

のようにできます. さらに上記と合成関数の微分法より

$$(\sqrt{x^2 + 3x + 2})' = \frac{2x + 3}{2\sqrt{x^2 + 3x + 2}}$$

ようにできます.

つぎに, 大切なロルの定理といわれる定理を述べます.

「$f(x)$ が閉区間 $[a, b]$ で連続, 開区間 (a, b) で微分可能, $f(a) = f(b)$ なら $f'(c) = 0$

$a < c < b$ なる c が少なくとも1つ存在する.」

証明のポイントは, 仮定の閉区間での $f(x)$ の連続性より $f(x)$ が最大値または最小値をとる点が a, b の間にあることが分りますので, この点を c とするとその点 c で微分可能であることと $f'(c) \geqq 0$ かつ $f'(c) \leqq 0$ が同時におこることから $f'(c) = 0$ でなければならないからです.

仮定の $f(a)=f(b)$ を落とすと, つぎのラグランジュの平均値の定理が得られます.
「$f(a)=f(b)$ 以外の仮定の条件は同じとして

$$f'(c)=\frac{f(b)-f(a)}{b-a} \qquad (a<c<b)$$

となる c が少なくとも 1 つ存在する.」この証明は

$$g(x)=f(x)-\frac{f(b)-f(a)}{b-a}(x-a)$$

なる関数 $g(x)$ を考えれば, $g(a)=g(b)(=f(a))$ となり

$$g'(x)=f'(x)-\frac{f(b)-f(a)}{b-a}$$

ですので, ロルの定理を $g(x)$ に適用できて証明されます. このラグランジュの平均値の定理を更に拡張した, つぎのコーシーの平均値の定理が得られます.
「$f(x),g(x)$ を $[a,b]$ で連続,(a,b) で微分可能とする. このとき

$$\frac{f(b)-f(a)}{g(b)-g(a)}=\frac{f'(c)}{g'(c)} \quad (a<c<b)$$

をみたす c が存在する. ただし $g(a)\neq g(b)$, $g'(x)\neq 0$, $f'(c),g'(c)$ が同時に 0 になることはないとする.」これも関数

$$h(x)=f(x)-f(a)-\frac{f(b)-f(a)}{g(b)-g(a)}(g(x)-g(a))$$

にロルの定理が適用できて証明できます.
このコーシーの平均値の定理から, いわゆる不定形の極限値（極限で考えて $\frac{0}{0}$, $\frac{\infty}{\infty}$ の形) の極限を求める方法であるロピタルの定理が得られます. それをつぎに述べます.
$\frac{0}{0}$ の場合「$f(x),g(x)$ は (a,b) で連続で $\lim_{x\to a}f(x)=\lim_{x\to a}g(x)=0$ で $f'(x),g'(x)$ と極限 $\lim_{x\to a}\frac{f'(x)}{g'(x)}$ が存在すれば

$$\lim_{x\to a}\frac{f(x)}{g(x)}=\lim_{x\to a}\frac{f'(x)}{g'(x)}$$

が成りたつ.」証明を述べると, まず $f(a)=\lim_{x\to a}f(x), g(a)=\lim_{x\to a}g(x)$ と $f(a),g(a)$ を定義して $f(x),g(x)$ を $x=a$ まで含めて連続にします. するとコーシーの平均値の

定理が使えて

$$\frac{f(x)}{g(x)} = \frac{f'(c)}{g'(c)} \quad (a < c < x)$$

なる c が存在します.

$x \to a$ のとき $c \to a$ なので

$$\lim_{x \to a} \frac{f(x)}{g(x)} = \lim_{c \to a} \frac{f'(c)}{g'(c)}$$

改めて文字を代えて

$$\lim_{x \to a} \frac{f(x)}{g(x)} = \lim_{x \to a} \frac{f'(x)}{g'(x)}$$

例えばつぎのように使います.

$$\lim_{x \to 0} \frac{\log(1+x)}{x} = \lim_{x \to 0} \frac{\frac{1}{1+x}}{1} = 1$$

$\dfrac{\infty}{\infty}$ の場合にも証明はここではふれませんが

$x \to a$ のとき $f(x) \to \infty, g(x) \to \infty$ ならば

$$\lim_{x \to a} \frac{f(x)}{g(x)} = \lim_{x \to a} \frac{f'(x)}{g'(x)}$$

が成り立ちます.

平均値の定理からつぎの重要な結果が得られます.

「$f(x)$ が区間 I で微分可能で $f'(x)$ が I の各点で正ならば $f(x)$ は I で増加, $f'(x)$ が I で負ならば $f(x)$ は I で減少, $f'(x)$ が I で 0 ならば $f(x)$ は I で定数である.」

関数 $f(x)$ が $x = a$ の近傍の x ($\neq a$) に対して $f(x) < f(a)$ のとき $f(x)$ は $x = a$ で極大値 $f(a)$, $f(x) > f(a)$ のとき $x = a$ で極小値 $f(a)$ をとるといいます. すなわち $f(a)$ が極大値なら a の近くで $f(a)$ が最大値, $f(a)$ が極小値なら a の近くで $f(a)$ が最小値ということです. すなわち極大値, 極小値は局所的な最大値, 最小値のことです. 極大値と極小値を総称して極値といいます.

「関数 $f(x)$ が $x = a$ で微分可能で $x = a$ で極値をとれば $f'(a) = 0$.」

$x = a$ で微分可能という仮定をおとすと正しくありません.

例えば $f(x) = |x|$ は $x = 0$ で極小値 0 をとりますが $f'(0)$ は 0 ではありません. $f'(0)$ は存在しないのです. $f(x)$ は $x = 0$ で微分不可能です. 逆に $f'(a) = 0$ なら a で極値をとるだろうか. とるとは限りません. a の前後で $f'(x)$ の符号が正から負に変

われば a で極大値, 負から正に変われば a で極小値をとるのです. このことは高校数学で関数の増減表を書いてグラフを描くなどして学んだことです.
$f'(x)$ が更に微分できるとき $(f'(x))'$ を $f''(x)$ または $f^{(2)}(x)$ と書いて $f(x)$ の２次（階）導関数といいます. 以下帰納的に $f(x)$ の n 次導関数

$$f^{(n)}(x) = (f^{(n-1)}(x))'$$

が定義されます.
$f^{(n)}(x)$ が存在するとき $f(x)$ は n 回微分可能といいます. さらに $f^{n}(x)$ が連続なら $f(x)$ は C^n 級とか n 回連続微分可能といいます.
２次導関数を使って関数 $f(x)$ の極値や曲線 $y = f(x)$ の凹凸を調べることができます. すなわち,
「関数 $f(x)$ が a の近くで C^2 級で $f'(a) = 0$ かつ $f''(a) > 0$ なら $f(x)$ は $x = a$ で極小値をとり, $f'(a) = 0$ かつ $f''(a) < 0$ なら $x = a$ で極大値をとる.」
これは $x = a$ での値 $f(a)$ と a の近くでの x の値 $f(x)$ とを比較すればよいのですが, すなわち $f(x) - f(a)$ の符号を調べることになりテイラーの定理から得られます.
また, つぎのように考えることもできます. 先の極値をとる導関数の条件から前半は $f''(a) > 0$ なら $f'(x)$ は a の近くで増加で $f(a) = 0$ なので $x < a$ なら $f'(x) < 0$,　$x > a$ なら $f'(x) > 0$. したがって $f(x)$ は $x = a$ で極小値をとります.
後半は $f''(a) < 0$ のときは $f'(x)$ は a の近くで減少で $f'(a) = 0$ なので $x < a$ で $f'(x) > 0$, $x > a$ で $f'(x) < 0$. したがって $f(x)$ は $x = a$ で極大値をとります.
曲線 $y = f(x)$, $x \in I$ 上の点 $(a, f(a))$ での接線 $y = f(a) + f'(a)(x - a)$ が曲線の下にあるとき $x = a$ で $f(x)$ は下に凸（上に凹）といい, 曲線の上にあるときは上に凸（下に凹）といいます.
凹凸の変わる点 $(a, f(a))$ を曲線 $y = f(x)$ の変曲点といいます.
曲線上の各点で下に凸（上に凸）のとき I で下に凸（上に凸）といいます.
「I の各点で $f''(x) > 0$ なら $f(x)$ は下に凸 $f''(x) < 0$ なら上に凸」
が成り立ちます. なぜなら $f''(x) = (f'(x))'$ ですので, それぞれ $f'(x)$ が増加（x を固定すれば接線の傾きが増加）, $f'(x)$ が減少（x を固定すれば接線の傾きが減少) だからです.

関数 $f = f(x), g = g(x)$ が n 回微分可能なら $af + bg = af(x) + bg(x)$　(a, b は定数) も $fg = f(x)g(x)$ も n 回微分可能でつぎが成り立ちます.

$$(1)\quad (af + bg)^{(n)} = af^{(n)} + bg^{(n)} \quad (a, b \text{ は定数})$$

(2) $(fg)^{(n)} = f^{(n)}g + \binom{n}{1} f^{(n-1)}g^{(1)} + \binom{n}{2} f^{(n-2)}g^{(2)} + \cdots + \binom{n}{n-1} f^{(1)}g^{(n-1)} + fg^{(n)}$

ここで

$$\binom{n}{r} = \frac{n(n-1)(n-2)\ldots(n-r+1)}{r!} = \frac{n!}{r!(n-r)!}$$

(1) は明らかです. (2) は $n=1$ のとき成り立つことが示され, $n=r$ のとき成り立つと仮定すると $n=r+1$ のときも成り立つことが示されて, いわゆる数学的帰納法で証明できますが, くわしくは述べません.

また任意の n について $f^n(x)$ が存在するとき $f(x)$ は C^∞ 級または無限回微分可能といいます.

平均値の定理を高次の導関数まで拡張するとつぎのテイラーの定理が成り立ちます.

「$f(x)$ が $[a,b]$ で C^{n-1} 級で (a,b) で $f^{(n)}(x)$ が存在すれば

$$f(b) = f(a) + f'(a)(b-a) + \frac{f''(a)}{2!}(b-a)^2 + \cdots + \frac{f^{n-1}(a)}{(n-1)!}(b-a)^{n-1} + \frac{f^n(c)}{n!}(b-a)^n$$

$(a < c < b)$ となる c が存在する.」

重要な定理ですので証明を記します.

$$\frac{f(b) - \displaystyle\sum_{r=0}^{n-1} \frac{f^{(r)}(a)}{r!}(b-a)^r}{\dfrac{(b-a)^n}{n!}} = k$$

とおきます. 分母を払って移項すれば

$$f(b) - \sum_{r=0}^{n-1} \frac{f^{(r)}(a)}{r!}(b-a)^r - k\frac{(b-a)^n}{n!} = 0$$

いま左辺で a を x に代えた関数を $\varphi(x)$ とおきます. すなわち

$$\varphi(x) = f(b) - f(x) - \sum_{r=1}^{n-1} \frac{f^{(r)}(x)}{r!}(b-x)^r - k\frac{(b-x)^n}{n!}$$

とします. すると $\varphi(x)$ は $f(x)$ の仮定より $[a,b]$ で連続で (a,b) で微分可能で $\varphi(a) = \varphi(b) = 0$.

$\varphi(x)$ にロルの定理が適用できて, 結論を得ます. 文字を変えて言い換えれば次が成り

立ちます.

$f(x)$ が $|x-a|<R$ で C^{n-1} 級で $f^{(n)}(x)$ が存在すれば

$$f(x)=f(a)+f'(a)(x-a)+\frac{f''(a)}{2!}(x-a)^2+\cdots+\frac{f^{(n-1)}(a)}{(n-1)!}(x-a)^{n-1}+\frac{f^{(n)}(c)}{n!}(x-a)^n$$

$(a<c<x)$ となる c が存在する.

$$R_n=\frac{f^{(n)}(c)}{n!}(x-a)^n$$

を剰余項といいます.

$\dfrac{c-a}{x-a}=\theta$ とおくと $a<c<x$ は $0<\theta<1$ と同値ですので c の変わりに θ を使って R_n を

$$R_n=\frac{f^{(n)}(a+\theta(x-a))}{n!}(x-a)^n$$

と表わせます.

テイラーの定理で $a=0$ とすれば

$$f(x)=f(0)+f'(0)x+\cdots+\frac{f^{(n-1)}(0)}{(n-1)!}x^{n-1}+\frac{f^{(n)}(\theta x)}{n!}x^n \quad (|x|<R)$$

となる θ $(0<\theta<1)$ が存在するということが成り立ちます. いわゆるマクローリンの定理です.

さて, 剰余項 R_n が $n\to\infty$ のとき $R_n\to 0$ となるときは

$$f(x)=f(a)+f'(a)(x-a)+\cdots+\frac{f^{(n-1)}(a)}{(n-1)!}(x-a)^{n-1}+\cdots \quad (|x-a|<R)$$

となります.

右辺を a 中心のテイラー級数といい, $f(x)$ をテイラー級数で表わすことをテイラー展開するといいます. $a=0$ のときは

$$f(x)=f(0)+f'(0)x+\frac{f''(0)}{2!}x^2+\cdots$$

となりマクローリン展開といいます．マクローリン展開の例を以下にあげます．

$$\begin{aligned} e^x &= 1+x+\frac{x^2}{2!}+\frac{x^3}{3!}+\cdots+\frac{1}{n!}x^n+\cdots \quad (|x|<\infty) \\ \log(1+x) &= x-\frac{x^2}{2}+\frac{x^3}{3}-\frac{x^4}{4}+\cdots+(-1)^{n-1}\frac{x^n}{n}+\cdots \quad (-1<x\leqq 1) \\ \sin x &= x-\frac{x^3}{3!}+\frac{x^5}{5!}-\cdots+(-1)^{n-1}\frac{x^{2n-1}}{(2n-1)!}+\cdots \quad (|x|<1) \\ \cos x &= 1-\frac{x^2}{2!}+\frac{x^4}{4!}-\cdots+(-1)^{n-1}\frac{x^{2n-2}}{(2n-2)!}+\cdots \quad (|x|<1) \end{aligned}$$

$f(x)$ が無限回微分可能でもテイラー展開可能とは限りません．
例えば関数

$$f(x)=\begin{cases} e^{-\frac{1}{x^2}} & (x\neq 0) \\ 0 & (x=0) \end{cases}$$

は $f^{(n)}(0)=0 \quad (n=0,1,2,3,\dots)$ で (証明は省略します)， 0 中心のテイラー級数は恒等的に 0 です．しかし, $x\neq 0$ では $f(x)\neq 0$ なので $f(x)$ は $x=0$ 中心のどんな近傍でもテイラー展開できません．この場合 $R_n\to 0$ $(n\to\infty)$ とならないのです．一般に区間 I で定義された関数 $f(x)$ が I の各点 a の近傍で a を中心としてテイラー展開できるとき $f(x)$ は I で解析的 (analytic) といいます．上の例は c^∞ 級関数は必ずしも解析的とは限らないことを示しています．

$$\frac{1}{1-x}=1+x+x^2+x^3+\cdots \quad (|x|<1)$$

上式で右辺が左辺になることは右辺が初項 1, 公比 $x \quad (|x|<1)$ の無限級数ですので和が $\dfrac{1}{1-x}$ になることは高校でも学んだように分かるのですが, 大切なのは
左辺の関数 $\dfrac{1}{1-x}$ が $|x|<1$ で右辺のような級数で表わされるということです．
x を $-x$ にかえて上記より

$$\frac{1}{1+x}=1-x+x^2-x^3+x^4-\cdots \quad (|x|<1)$$

もっと一般につぎの二項展開が成り立ちます． α を定数として,

$$(1+x)^\alpha=1+\binom{\alpha}{1}x+\binom{\alpha}{2}x^2+\cdots+\binom{\alpha}{n}x^n+\cdots \quad (|x|<1)$$

ここで

$$\binom{\alpha}{n}=\frac{\alpha(\alpha-1)\dots(\alpha-n+1)}{n!}$$

が成り立ちます. n でとめたときは一般二項定理といわれます. $\binom{\alpha}{n}$ は二項係数といわれ, α が自然数のときは組合せの総数 ${}_{\alpha}C_n$ と同じです.
多項式の次数を無限大にしたと考えられるべき級数

$$\sum_{n=0}^{\infty} a_n x^n = a_0 + a_1 x + a_2 x^2 + \cdots + a_n x^n + \cdots$$

について述べます.
べき級数 $\displaystyle\sum_{n=0}^{\infty} a_n x^n$ がある区間 I の各点で収束すればその和は x の関数と考えられますので, べき級数 $\displaystyle\sum_{n=0}^{\infty} a_n x^n$ は I で定義された関数を表わします.
「べき級数 $\displaystyle\sum_{n=0}^{\infty} a_n x^n$ は $x = x_0$ で収束すれば $|x| < |x_0|$ なる x でも収束します. $x = x_0$ で発散すれば $|x| > |x_0|$ なる x で発散します.」このことをふまえると, べき級数 $\displaystyle\sum_{n=0}^{\infty} a_n x^n$ の収束, 発散についてつぎのように分類されます. すなわち
(i) ある整数 r が存在して $|x| < r$ で絶対収束し, $|x| > r$ で発散する.
(ii) すべての実数 x で収束する.
(iii)　$x = 0$ を除くすべての実数 x で発散する.
(i) のとき r をべき級数 $\displaystyle\sum_{n=0}^{\infty} a_n x^n$ の収束半径という.
(ii) のとき $r = \infty$.
(iii) のとき $r = 0$ と定めます.
例えば $\displaystyle\sum_{n=0}^{\infty} x^n$ の収束半径 r は 1 です. $\displaystyle\sum_{n=0}^{\infty} \frac{x^n}{n!}$ の収束半径 r は ∞ となります.
べき級数 $\displaystyle\sum_{n=0}^{\infty} a_n x^n$ の収束半径を求める定理があります. つぎのダ・ランベールの定理です. すなわち, べき級数 $\displaystyle\sum_{n=0}^{\infty} a_n x^n$ の収束半径 r は

$$r = \lim_{n\to\infty} \left| \frac{a_n}{a_{n+1}} \right|$$

で与えられる.($r = 0, \infty$ も含む.)

例えば $\displaystyle\sum_{n=1}^{\infty} nx^{n-1}$ の収束半径 r は

$$r = \lim_{n \to \infty} \frac{n}{n+1} = \lim_{n \to \infty} \frac{1}{1 + \frac{1}{n}} = 1$$

もう一つはコーシー・アダマールの定理です．すなわち

$$r = \lim_{n \to \infty} \frac{1}{\sqrt[n]{|a_n|}} \quad (r = 0, \infty \text{ も含む})$$

$\displaystyle\sum_{n=1}^{\infty} \frac{1}{n^n} x^n$ の収束半径 r は

$$r = \lim_{n \to \infty} \frac{1}{\sqrt[n]{\dfrac{1}{n^n}}} = \lim_{n \to \infty} n = \infty$$

べき級数 $\displaystyle\sum_{n=0}^{\infty} a_n x^n$ と $\displaystyle\sum_{n=1}^{\infty} n a_n x^{n-1}$ の収束半径は同じです.

また, $\displaystyle\sum_{n=0}^{\infty} a_n x^n$ と $\displaystyle\sum_{n=0}^{\infty} \frac{a_n}{n+1} x^{n+1}$ の収束半径も同じです．このことから

$$f(x) = \sum_{n=0}^{\infty} a_n x^n \quad (|x| < r)$$

を同じ $|x| < r$ で項別微分して

$$f'(x) = \sum_{n=1}^{\infty} n a_n x^{n-1} \quad (|x| < r)$$

項別積分して

$$\int_0^x f(t)dt = \sum_{n=0}^{\infty} \frac{a_n}{n+1} x^{n+1} \quad (|x| < r)$$

が成り立ちます．与えられたべき級数を項別微分したり項別積分することにより，いろいろなべき級数（展開）が得られます．例えば

$$\frac{1}{1-x} = 1 + x + x^2 + x^3 + + \cdots + x^n + \cdots \quad (|x| < 1)$$

を項別微分して

$$\frac{1}{(1-x)^2} = 1 + 2x + 3x^2 + \cdots + nx^{n-1} + \cdots \quad (|x| < 1)$$

項別積分して

$$-\log(1-x) = x + \frac{x^2}{2} + \frac{x^3}{3} + \frac{x^4}{4} + \cdots + \frac{x^{n+1}}{n+1} + \cdots \quad (|x| < 1)$$

$$\log(1-x) = -x - \frac{x^2}{2} - \frac{x^3}{3} - \frac{x^4}{4} - \cdots - \frac{x^{n+1}}{n+1} - \cdots \quad (|x| < 1)$$

x を $-x$ で置き換えて

$$\log(1+x) = x - \frac{x^2}{2} + \frac{x^3}{3} - \frac{x^4}{4} + \cdots + (-1)^n \frac{x^{n+1}}{n+1} + \cdots \quad (-1 < x \leqq 1)$$

$x = 1$ とおいて

$$1 - \frac{1}{2} + \frac{1}{3} - \frac{1}{4} + \cdots = \log 2$$

また,

$$\log\frac{1+x}{1-x} = \log(1+x) - \log(1-x) = 2(x + \frac{x^3}{3} + \frac{x^5}{5} + \cdots) \quad (|x| < 1)$$

が得られます.

5.4　積分

ここから積分の話に移ります. もともと積分の概念は面積を求めることから始まったのですが後に述べるように積分が微分の逆演算であることが分り, 別々に考えられていた微分と積分が結び付くことになったのです. いわゆる微積分学の基本定理といわれるもの

$$\frac{d}{dx}\int_a^x f(t)dt = f(x)$$

がこれです. 概念の始まりからすると定積分から始めるべきでしょうが, 微分とのつながりを考えて不定積分から始めます. 関数 $f(x)$ に対して, 微分すると $f(x)$ となる関数 $F(x)$ すなわち

$$F'(x) = f(x)$$

となる関数 $F(x)$ を $f(x)$ の原始関数または不定積分といいます． $F(x)$ を $f(x)$ の原始関数の 1 つとして， $G(x)$ が $f(x)$ の任意の原始関数なら

$$(G(x) - F(x))' = G'(x) - F'(x) = f(x) - f(x) = 0$$

なので $G(x) - F(x) = C$ （ここでCは定数）．すなわち $f(x)$ の原始関数の 1 つを $F(x)$ とすると $f(x)$ の原始関数は $F(x) + C$．(C は定数で積分定数という) の形をしています．$f(x)$ の原始関数 (不定積分) を

$$\int f(x)dx$$

と書きます．

$f(x)$ の不定積分を求めることを $f(x)$ を積分するといい，$f(x)$ を被積分関数といいます．

与えられた関数 $f(x)$ の原始関数が存在するかどうかが問題ですが，存在しない場合もあります．$f(x)$ が連続関数なら $f(x)$ の原始関数は存在するのです．

基本的な関数の不定積分を以下にあげます．

これらは積分が微分の逆演算であることから分ります．すなわちそれぞれ右辺を微分してみれば不定積分の定義から分ることです．積分定数 C は省略して

$$\int x^n dx = \frac{1}{n+1}x^{n+1} \quad (n \neq -1) \quad (n \text{ が整数でないときは } x > 0)$$

$$\int \frac{1}{x}dx = \log|x|$$

$$\int e^x dx = e^x$$

$$\int \sin x dx = -\cos x$$

$$\int \cos x dx = \sin x$$

$$\int \frac{1}{\cos^2 x}dx = \tan x$$

$$\int \frac{1}{\sin^2 x}dx = -\cot x$$

$$\int \frac{1}{\sqrt{1-x^2}}dx = \sin^{-1} x$$

$$\int \frac{1}{1+x^2}dx = \tan^{-1} x$$

なお, $\int 1dx$ を $\int dx$, $\int \frac{1}{f(x)}dx$ を $\int \frac{dx}{f(x)}$ とも書きます.
不定積分を求めるときに使う公式をあげます. まず,

$$\int (f(x)+g(x))dx = \int f(x)dx + \int g(x)dx$$

$$\int kf(x)dx = k\int f(x)dx \quad (k \text{ は定数})$$

これらは両辺を微分すれば微分のときの公式からすぐ分ります.
置換積分の公式といわれるものがつぎです.
x を u の関数 $x = x(u)$ とする. ここで関数記号に同じ x を使っています. このとき

$$\int f(x)dx = \int f(x(u))\frac{dx}{du}du$$

が成り立ちます. これは両辺を u で微分すると合成関数の微分法より分ります. すなわち

$$\frac{d}{du}\int f(x)dx = \frac{d}{dx}\int f(x)dx \cdot \frac{dx}{du} = f(x)\frac{dx}{du}$$

ゆえに

$$\int f(x)dx = \int f(x(u))\frac{dx}{du}du$$

置換積分の例として

$$\int \frac{f'(x)}{f(x)}dx = \log|f(x)|$$

はよく使います. 例えば

$$\int \tan x dx = \int \frac{\sin x}{\cos x}dx = \int \frac{-(\cos x)'}{\cos x}dx = -\log|\cos x|$$

$\cos x \neq 0$ なる x すなわち $x = \pm\frac{\pi}{2} + 2k\pi$ (k は整数) 以外の x で成り立つのです.
もう一つは積の不定積分を求める公式, 部分積分法といわれるものです. すなわち

$$\int f'(x)g(x)dx = f(x)g(x) - \int f(x)g'(x)dx$$

が成り立ちます．これは積の微分の公式

$$(f(x)g(x))' = f'(x)g(x) + f(x)g'(x)$$

の両辺を積分して

$$f(x)g(x) = \int f'(x)g(x)dx + \int f(x)g'(x)dx$$

移項して上記となります．また

$$\int f(x)g'(x)dx = f(x)g(x) - \int f'(x)g(x)dx$$

が成り立つことも当然です．例えば

$$\int xe^x dx = \int x(e^x)'dx = xe^x - \int x' \cdot e^x dx = xe^x - \int 1 \cdot e^x dx = xe^x - e^x$$

今までもそうでしたが積分定数 C は簡単のため省略してあります．これからもそうします．部分積分を用いるのですが，一工夫がいるような積分があります．以下に代表的なものをあげます．いわゆる漸化式となるものです．

$$J_n = \int \sin^n x dx \quad (n \text{ は正の整数})$$

を求めます．

$$\begin{aligned}
J_n &= \int \sin^n x dx \\
&= \int \sin^{n-2} x(1 - \cos^2 x)dx \\
&= \int \sin^{n-2} x dx - \int \sin^{n-2} \cos x \cos x dx \\
&= J_{n-2} - \frac{\sin^{n-1} x}{n-1} \cos x + \int \frac{\sin^{n-1} x}{n-1}(-\sin x)dx \\
&= J_{n-2} - \frac{1}{n-1} \sin^{n-1} x \cos x - \int \frac{\sin^n x}{n-1} dx \\
&= J_{n-2} - \frac{1}{n-1} \sin^{n-1} x \cos x - \frac{1}{n-1} J_n
\end{aligned}$$

$$\frac{n}{n-1} J_n = -\frac{1}{n-1} \sin^{n-1} x \cos x + J_{n-2}$$

ゆえに

$$J_n = -\frac{1}{n} \sin^{n-1} x \cos x + \frac{n-1}{n} J_{n-2} \quad (n \geqq 2)$$

なる漸化式が得られます. この漸化式より積分を繰り返して,
n が奇数なら $\int \sin x dx = -\cos x$, n が偶数なら $\int dx = x$ に帰します.
同様に漸化式

$$J_n = \int \cos^n x dx = \frac{1}{n}\cos^{n-1} x \sin x + \frac{n-1}{n} J_{n-2} \quad (n \geqq 2)$$

また, 漸化式

$$J_n = \int \tan^n x dx = \frac{1}{n-1}\tan^{n-1} x - J_{n-2} \quad (n \geqq 2)$$

を得ます. これは積分を繰り返して, 最後の積分は次のどちらかに帰します..

$$\int \tan x dx = \int \frac{\sin x}{\cos x} dx = -\log|\cos x|$$

$$\int \tan^2 x dx = \int (\frac{1}{\cos^2 x} - 1) dx = \tan x - x$$

もう 1 つ例をあげます.

$$I = \int e^{ax} \sin bx dx, \quad J = \int e^{ax} \cos bx dx \quad (a, b \text{ は定数})$$

はつぎのようにして求められます. すなわち

$$\begin{aligned} I &= \int e^{ax}(-\frac{1}{b}\cos bx)' dx \\ &= -\frac{1}{b}e^{ax}\cos bx + \frac{a}{b}\int e^{ax}\cos bx dx \\ &= -\frac{1}{b}e^{ax}\cos bx + \frac{a}{b}J \end{aligned}$$

$$\begin{aligned} J &= \int e^{ax}\cos bx dx \\ &= \int e^{ax}(\frac{1}{b}\sin bx)' dx \\ &= \frac{1}{b}e^{ax}\sin bx - \frac{a}{b}\int e^{ax}\sin bx dx \\ &= \frac{1}{b}e^{ax}\sin bx - \frac{a}{b}I \end{aligned}$$

これらよりＩ，Ｊについての連立方程式

$$\begin{cases} bI - aJ = -e^{ax}\cos bx \\ aI + bJ = e^{ax}\sin bx \end{cases}$$

を得ます. これを解いて

$$I = \frac{e^{ax}(a\sin bx - b\cos bx)}{a^2 + b^2}$$

$$J = \frac{e^{ax}(b\sin bx + a\cos bx)}{a^2 + b^2}$$

となります

有理関数

$$\frac{f(x)}{g(x)} \quad (f(x), g(x) \text{ は多項式})$$

の積分はつぎのようにして求めることができます. まず, 分子の $f(x)$ の次数が分母 $g(x)$ の次数より高いときは割って商を $q(x)$, 余りを $r(x)$ とすれば

$$f(x) = g(x)q(x) + r(x) \quad (r(x) \text{ の次数は } g(x) \text{ の次数より小})$$

すると

$$\int \frac{f(x)}{g(x)}dx = \int q(x)dx + \int \frac{r(x)}{g(x)}dx$$

となります. 第２項の積分

$$\int \frac{r(x)}{g(x)}dx$$

はつぎの２つの積分に帰して有理関数の積分は求まります.

$$\int \frac{dx}{(x-a)^k}, \quad \int \frac{Bx + C}{(x^2 + bx + c)^k}dx$$

ただし $x^2 + bx + c = 0$ は実根をもたない, すなわち $x^2 + bx + c > 0$ とする. ここで

$$\int \frac{dx}{(x^2 + bx + c)^k}$$

は

$$\int \frac{dx}{\left((x + \frac{b}{2})^2 - (\frac{b^2 - 4c}{4})\right)^k}$$

と変形して積分が求まります.

ここから定積分の定義に移ります. $f(x)$ は区間 $[a,b]$ で定義された有界な関数とします. 区間 $[a,b]$ を分割 $\Delta : a = a_0 < a_1 < \cdots < a_n = b$ として n 個の小区間 $[a_{i-1}, a_i]$,$i = 1, 2, \ldots n$ に分割します. 各区間 $[a_{i-1}, a_i]$ から点 ξ_i を任意にとり, つぎの有限和 $S_n = \displaystyle\sum_{i=1}^{n} f(\xi_i)(a_i - a_{i-1})$ を考えます. 各区間を限りなく小さくする, すなわち $|\Delta| := \displaystyle\max_{1 \leqq i \leqq n} |a_i - a_{i-1}| \to 0$ とするときの S_n の極限を考えます. このとき分割の仕方と点 ξ_i のとり方によらず上の極限が存在する (有限確定値となる) とき $f(x)$ は $[a,b]$ で積分可能 (integrable) といい, その極限を $\displaystyle\int_a^b f(x)dx$ と書き $f(x)$ の $[a,b]$ における定積分といいます. すなわち

$$\int_a^b f(x)dx = \lim_{|\Delta| \to 0} \sum_{i=1}^{n} f(\xi_i)(a_i - a_{i-1})$$

a を定積分の上端, b を下端といいます.

$f(x)$ が $[a,b]$ で連続ならば $f(x)$ は $[a,b]$ で積分可能, すなわち $\displaystyle\int_a^b f(x)dx$ が存在することが分っています.

定積分の定義から $f(x)$ が $[a,b]$ で連続で $f(x) \geqq 0$ ならば $\displaystyle\int_a^b f(x)dx \geqq 0$ で, $\displaystyle\int_a^b f(x)dx$ は x 軸と曲線 $y = f(x)$ と直線 $x = a$, 直線 $x = b$ で囲まれた部分の面積を与えることに注意します.

今までは $a < b$ でしたが

$b < a$ のときは $\displaystyle\int_a^b f(x)dx = -\int_b^a f(x)dx$ と定義します.

$a = b$ のときは $\displaystyle\int_a^b f(x)dx = 0$ と定義します.

上のように定めると a, b, c の大小関係によらず

$$\int_a^b f(x)dx = \int_a^c f(x)dx + \int_c^b f(x)dx$$

が成り立ちます. なお

$$\int_a^b (f(x) + g(x))dx = \int_a^b f(x)dx + \int_a^b g(x)dx$$

$$\int_a^b kf(x)dx = k\int_a^b f(x)dx \quad (k \text{ は定数})$$

が成り立つことも分ります.

$f(x), g(x)$ が $[a,b]$ で連続で $f(x) \geqq g(x)$ なら曲線 $y=f(x)$ と曲線 $y=g(x)$ と直線 $x=a$, 直線 $x=b$ で囲まれた部分の面積は $\displaystyle\int_a^b (f(x)-g(x))dx$ で与えられることは容易に分ります.

また, 定積分の定義と上の注意からつぎの積分の平均値の定理が得られます.

「$f(x)$ が $[a,b]$ で連続ならば

$$\int_a^b f(x)dx = (b-a)\int_a^b f(\xi)dx \qquad (a<\xi<b)$$

なる ξ が少なくとも 1 つ存在する.」

なぜなら, $f(x)$ の $[a,b]$ における最大値を M, 最小値を m とすると $m \leqq f(x) \leqq M$

$[a,b]$ で積分して

$$\int_a^b m dx \leqq \int_a^b f(x)dx \leqq \int_a^b M dx$$

$$m(b-a) \leqq \int_a^b f(x)dx \leqq M(b-a)$$

$$m \leqq \frac{1}{b-a}\int_a^b f(x)dx \leqq M$$

連続関数の中間値の定理より

$$f(\xi) = \frac{1}{b-a}\int_a^b f(x)dx \quad (a<\xi<b)$$

すなわち

$$\int_a^b f(x)dx = (b-a)f(\xi) \quad (a<\xi<b)$$

なる ξ が存在します.

定積分を計算するのに定義にもどって極限を求めることは少なく, つぎに述べるように連続関数の不定積分が分かると定積分も計算できるのです. これはつぎのいわゆる微積分学の基本定理によります.

積分の上端を変数 x にして考えると $F(x) = \displaystyle\int_a^x f(t)dt$ は x の関数となり

$$\frac{d}{dx}F(x) = f(x)$$

すなわち

$$\frac{d}{dx}\int_a^x f(t)dt = f(x)$$

が成り立ちます.

証明を記します. $|h|$ が十分小なる h をとります.

$$\begin{aligned} F(x+h)-F(x) &= \int_a^{x+h} f(t)dt - \int_a^x f(t)dt \\ &= \int_x^{x+h} f(t)dt = (x+h-x)f(\xi) \\ &= hf(\xi) \quad (x<\xi<x+h \text{ または } x+h<\xi<x) \end{aligned}$$

なる ξ が積分の平均値の定理より存在します. すなわち

$$\frac{F(x+h)-F(x)}{h} = f(\xi)$$

ここで $h \to 0$ すると $\xi \to x$ なので

$$\frac{F(x+h)-F(x)}{h} \to f(x)$$

すなわち

$$F'(x) = f(x)$$

となります. $\displaystyle\int_a^x f(t)dt$ は $f(x)$ の原始関数であることが分かりました. そこで改めて $f(x)$ の原始関数の任意の 1 つを $F(x)$ とすると (すなわち $F'(x)=f(x)$)

$$F(x) = \int_a^x f(t)dt + C$$

と書けます. 上式で $x=a$ とおくと $\displaystyle\int_a^a f(t)dt = 0$ より $F(a)=C$

$x=b$ とおくと $\displaystyle F(b) = \int_a^b f(t)dt + C = \int_a^b f(t)dt + F(a)$

ゆえに

$$\int_a^b f(t)dt = F(b)-F(a)$$

$F(b)-F(a)$ を $[F(x)]_a^b$ または $F(x)\ |_a^b$ と書きます. 積分変数は何を用いてよいので改めて x と書いて, まとめると $f(x)$ が $[a,b]$ で連続なら

$$\int_a^b f(x)dx = \Big[F(x)\Big]_a^b = F(b)-F(a) \quad \text{ただし } F'(x)=f(x)$$

すなわち $f(x)$ の不定積分が分かれば定積分は求まります. これを微分積分学の基本定理ということもあります.
$f(x)$ の定積分の定義は $f(x)$ が有界閉区間 $[a,b]$ で定義されていて $[a,b]$ で有界な関数についてでしたが, そうでない場合, すなわち $f(x)$ が定義されていない点や不連続となる点がある場合, 区間が閉じていない, すなわち a,b の少なくとも一方が区間に属さない場合, または区間が有限区間でない場合, $a=-\infty$ か $b=\infty$ あるいは $(a=-\infty$ かつ $b=\infty)$ の場合の定積分を考え, これらを広義積分といいます.
すなわち $f(x)$ が $[a,b)$ で連続だが有界でないとき $\lim_{\epsilon \to +0} \int_a^{b-\epsilon} f(x)dx$ が存在すれば広義積分は収束するといい, この極限値を広義積分の値とします. すなわち

$$\int_a^b f(x)dx = \lim_{\epsilon \to +0} \int_a^{b-\epsilon} f(x)dx$$

極限値が存在しないときは広義積分は発散するといいます.
$f(x)$ が $(a,b]$ で連続で有界でないとき

$$\int_a^b f(x)dx = \lim_{\epsilon \to +0} \int_{a+\epsilon}^{b} f(x)dx$$

$f(x)$ が (a,b) で連続で a,b で定義されていないか不連続のとき

$$\int_a^b f(x)dx = \lim_{\epsilon \to +0, \epsilon' \to +0} \int_{a+\epsilon}^{b-\epsilon'} f(x)dx$$

$a<c<b$ なる c で定義されていないか不連続でそれ以外の (a,b) では連続のとき

$$\int_a^b f(x)dx = \int_a^c f(x)dx + \int_c^b f(x)dx$$

右辺の積分がともに先の意味で存在するとき左辺と決めるのです.
つぎは関数 $f(x)$ の定義域が無限区間のときですが, $f(x)$ が $[a,\infty)$ で連続のとき

$$\int_a^\infty f(x)dx = \lim_{b \to +\infty} \int_a^b f(x)dx$$

$f(x)$ が (a,∞) で連続のとき $a<$ c なる c に対して

$$\int_a^\infty f(x)dx = \int_a^c f(x)dx + \int_c^\infty f(x)dx$$

右辺が存在すれば2つの積分の和と決めます. 同様に $f(x)$ が $(-\infty, b]$ で連続なら

$$\int_{-\infty}^{b} f(x)dx = \lim_{a\to-\infty} \int_{a}^{b} f(x)dx$$

$f(x)$ が $(-\infty, +\infty)$ で連続なら

$$\int_{-\infty}^{+\infty} f(x)dx = \lim_{a\to-\infty, b\to+\infty} \int_{a}^{b} f(x)dx$$

上記すべて, 右辺が存在すれば左辺と決めるということで, 上端, 下端が無限のときは有限としてその極限を考えてその極限が存在すればそれを広義積分の値と決めます. 極限が存在しなければ広義積分は発散するといいます.

例をあげます.

$\displaystyle\int_0^1 \frac{1}{x}dx$ は $\dfrac{1}{x}$ が $x = 0$ で定義されていないので広義積分ですが, $\displaystyle\int_0^1 \frac{1}{x}dx$ は $\displaystyle\lim_{\epsilon\to+0}\int_\epsilon^1 \frac{1}{x}dx$ の意味で

$$\lim_{\epsilon\to+0}\int_\epsilon^1 \frac{1}{x}dx = \lim_{\epsilon\to+0}[\log|x|]_\epsilon^1 = \lim_{\epsilon\to+0}(-\log\epsilon) = \infty$$

この極限は存在しませんので $\displaystyle\int_0^1 \frac{1}{x}dx$ は発散します. 広義積分 $\displaystyle\int_{-1}^1 \frac{1}{x}dx$ も発散します.

なぜなら $\displaystyle\int_{-1}^1 \frac{1}{x}dx = \int_{-1}^0 \frac{1}{x}dx + \int_0^1 \frac{1}{x}dx$ として右辺は発散するからです.

$\displaystyle\int_{-1}^1 \frac{1}{x}dx = [\log|x|]_{-1}^1 = 0$ は誤りです. 関数 $\dfrac{1}{x}$ は $x = 0$ で不連続ですので微積分学の基本定理は使えないからです.

つぎの広義積分による関数は重要です.

$$\Gamma(s) = \int_0^\infty e^{-x}x^{s-1}dx \quad (s > 0)$$

$$B(p, q) = \int_0^1 x^{p-1}(1-x)^{q-1}dx \quad (p > 0, q > 0)$$

$\Gamma(s)$ はガンマー関数, $B(p, q)$ はベーター関数といわれます. 両者には m, n が整数のとき

$$B(m, n) = \frac{\Gamma(m)\Gamma(n)}{\Gamma(m+n)}$$

の関係式が成り立ちます. 証明にはふれません. 部分積分を使って

$$\begin{aligned}\Gamma(s) &= \int_0^\infty e^{-x}x^{s-1}dx \\ &= \Big[-e^{-x}x^{s-1}\Big]_0^\infty - \int_0^\infty -e^{-x}(s-1)x^{s-2}dx \\ &= \Big[-e^{-x}x^{s-1}\Big]_0^\infty + (s-1)\int_0^\infty e^{-x}x^{s-2}dx \\ &= 0 + (s-1)\int_0^\infty e^{-x}x^{s-2}dx \\ &= (s-1)\Gamma(s-1) \qquad (s>1)\end{aligned}$$

したがって s が自然数 n のとき $\Gamma(1)=1$ に注意すると

$$\Gamma(n) = (n-1)!$$

が分かります. すなわち, ガンマー関数は階乗の一般化になっていることが分かります. 統計学で表れる広義積分

$$\int_{-\infty}^{+\infty} e^{-x^2}dx$$

は存在することは分かるのですが, その値は e^{-x^2} の原始関数が既知の関数で表されないので, 今までのことからは分かりません. しかし後に述べる二重積分を用いると値は $\sqrt{\pi}$ であることが分かります. すなわち

$$\int_{-\infty}^{\infty} e^{-x^2}dx = \sqrt{\pi}, \qquad \int_0^\infty e^{-x^2}dx = \frac{\sqrt{\pi}}{2}$$

積分の応用として曲線で囲まれた図形の面積や曲線の長さを求めることを行いたいのですが, 証明にはふれずいくつかの公式をあげます.

曲線 $C: y=f(x), a \leqq x \leqq b$ の長さ $L(C)$ は, それを近似する折れ線の長さの極限として定めます. すなわち $f(x)$ が $[a,b]$ で C^1 級なら

$$L(C) = \int_a^b \sqrt{1+(f'(x))^2}dx$$

で与えられます.

パラメータ表示の C^1 級曲線 C: $x=x(t), y=y(t) \quad (\alpha \leqq t \leqq \beta)$ の長さ $L(C)$ は

$$L(C) = \int_\alpha^\beta \sqrt{\left(\frac{dx}{dt}\right)^2 + \left(\frac{dy}{dt}\right)^2}dt$$

で与えられます．極座標 (r,θ) において曲線 $C: r=f(\theta)\ (\alpha \leqq \theta \leqq \beta)$ が C^1 級なら

$$L(C)=\int_\alpha^\beta \sqrt{(f(\theta))^2+(f'(\theta))^2}d\theta=\int_\alpha^\beta \sqrt{r^2+\left(\frac{dr}{d\theta}\right)^2}d\theta$$

で与えられます．これは

$$x=r\cos\theta=f(\theta)\cos\theta,\quad y=r\sin\theta=f(\theta)\sin\theta\quad(\alpha \leqq \theta \leqq \beta)$$

なる θ をパラメータとする曲線ですので

$$\frac{dx}{d\theta}=f'(\theta)\cos\theta-f(\theta)\sin\theta,\quad \frac{dy}{d\theta}=f'(\theta)\sin\theta+f(\theta)\cos\theta$$

を前のパラメータによる曲線の長さの公式に代入して結論を得ます．
一つだけ例をあげます．

$$曲線\ C: r=a(1+\cos\theta)\quad(a>0,\quad 0 \leqq \theta \leqq 2\pi)$$

の長さ $L(C)$ は

$$\begin{aligned}L(C)&=2\int_0^\pi \sqrt{a^2(1+\cos\theta)^2+(-a\sin\theta)^2}d\theta\\&=2a\int_0^\pi \sqrt{2+2\cos\theta}d\theta\\&=2\sqrt{2}a\int_0^\pi \sqrt{1+\cos\theta}d\theta\\&=2\sqrt{2}a\int_0^\pi \sqrt{2}\cos\frac{\theta}{2}d\theta\\&=4a\int_0^\pi \cos\frac{\theta}{2}d\theta=4a\Big[2\sin\frac{\theta}{2}\Big]_0^\pi=8a\end{aligned}$$

5.5　多変数関数

これまでは 1 変数の実数値関数について述べてきましたが，これから多変数の実数値関数について述べます．2 変数関数 $f(x,y)$ について考えれば n 変数関数 $f(x_1,x_2,\ldots,x_n)$ については考え方は同じで表現が変わりますが本質的な違いはありません．一般に 2 変数関数のグラフは値域も入れた 3 次元空間内の曲面になるのですが，3 変数以上の関数だと値域も入れた 4 次元以上の空間で考えなければならず具体的なイメージがわきにくく理念上の操作ということになりますが頭の中でイメージす

ることはできるのです．従って 2 変数実数値関数 $f(x,y)$ について考えます．
関数 f の定義域 D は (x,y) 平面 $\mathbb{R}^2$ の部分集合とします．すなわち写像 $f:D\to\mathbb{R}$ を考えます．(x,y,z) を座標系とする空間を $\mathbb{R}^3$ と書き，点 $(x,y)\in D$ に f で点 z $=f(x,y)\in\mathbb{R}$ を対応させて $\mathbb{R}^3$ の点 $(x,y,f(x,y))$ を得ます．かくして関数 f のグラフ

$$\{(x,y,z)\in\mathbb{R}^3|z=f(x,y),(x,y)\in D\}$$

が得られます．
なお関数 f を関数 $f(x,y)$ とか関数 $z=f(x,y)$ ということがあります．1 変数関数 $y=f(x)$ のグラフ $\{(x,y)\in\mathbb{R}^2|y=f(x)\}$ が一般に平面 $\mathbb{R}^2$ 内の曲線だったように，2 変数関数 $z=f(x,y)$ のグラフ $\{(x,y,z)\in\mathbb{R}^3|z=f(x,y)\}$ は一般に空間 $\mathbb{R}^3$ 内の曲面となります．
領域 D で定義された関数 $f(x,y)$ が D の点 (a,b) で連続 (continuous) とは

$$\lim_{(x,y)\to(a,b)} f(x,y)=f(a,b)$$

が成り立つときにいいます． D の点 $(x,y)\neq(a,b)$ がどのように (a,b) に近づいても $f(x,y)$ が $f(x,y)$ の (a,b) における値 $f(a,b)$ に近づくことです． ここで $(x,y)\to(a,b)$ とは点 (x,y) と点 (a,b) の距離 $\sqrt{(x-a)^2+(y-b)^2}\to 0$ を意味します．
$f(x,y)$ が定義域 D の各点で連続のとき D で連続といいます．
つぎの関数

$$f(x,y)=\begin{cases}\dfrac{xy}{x^2+y^2} & ((x,y)\neq(0,0))\\ 0 & ((x,y)=(0,0))\end{cases}$$

は $(0,0)$ で連続でありません．不連続です．
なぜなら (x,y) の $(0,0)$ への近づき方で $f(x,y)$ は一定の値に近づかない，すなわち極限値が存在しません．実際，直線 $y=mx$ 上から (x,y) を $(0,0)$ に近づけると

$$\lim_{(x,y)\to(0,0)}\frac{xy}{x^2+y^2}=\lim_{x\to0}\frac{mx^2}{(x^2+m^2x^2)}=\lim_{x\to0}\frac{mx^2}{(1+m^2)x^2}=\frac{m}{1+m^2}$$

すなわち m によって極限は変わることになるからです．
$f(x,y)$ が (a,b) で連続であることを ϵ-δ 論法で述べれば
$\forall\epsilon>0$ に対して適当な $\delta>0$ をとると

$$\sqrt{(x-a)^2+(y-b)^2}<\delta$$

なる任意の (x,y) に対して

$$|f(x,y)-f(a,b)|<\epsilon$$

とできるということです. $\sqrt{(x-a)^2+(y-b)^2}<\delta$ を $|x-a|<\delta$ かつ $|y-b|<\delta$ で置き換えても同じです.
「有界閉集合 D 上で定義された連続関数 $f(x,y)$ は D のどこかの点で最大値および最小値をとる.」また「有界閉集合で連続ならば一様連続である.」ことも成り立ちます. これらは 1 変数関数の定義域である直線 $\mathbb{R}$ 上の有界閉区間を平面上の有界閉集合（境界を含んだ集合）に変えたものです.
1 変数関数のときと同様に 2 変数関数 $f(x,y)$ についても連続関数の和, スカラー倍（したがって差）, 積, 商（分母を 0 にしない点で）は連続であることが成り立ちます.

5.6 偏微分

つぎに偏微分について述べます.
領域 D で定義された 2 変数関数 $z=f(x,y)$ について, D の点 (a,b) をとり固定します. 関数 $z=f(x,y)$ で y を b に固定して x のみの 1 変数関数とみた $z=f(x,b)$ が $x=a$ で微分可能のとき, すなわち

$$\lim_{h\to 0}\frac{f(a+h,b)-f(a,b)}{h}$$

が存在する（有限確定）とき $f(x,y)$ は (a,b) で x について偏微分可能といいます. この極限値を

$$f_x(a,b) \text{ または } \quad \frac{\partial f}{\partial x}(a,b)$$

と書き, $f(x,y)$ の (a,b) における x についての偏微分係数といいます.
同様に, 関数 $f(x,y)$ で x を a に固定して 1 変数 y の関数とみて

$$\lim_{k\to 0}\frac{f(a,b+k)-f(a,b)}{k}$$

が存在するとき, $f(x,y)$ は (a,b) で y について偏微分可能といい極限値を

$$f_y(a,b) \text{ または } \quad \frac{\partial f}{\partial y}(a,b)$$

と表し $f(x,y)$ の (a,b) における y についての偏微分係数といいます．関数 $f(x,y)$ が D の各点 (a,b) で偏微分可能ならば (a,b) を D で動かして考えれば偏微分係数は x,y の関数になります．すなわち (a,b) を (x,y) と書いて

$$f_x(x,y)=\lim_{h\to 0}\frac{f(x+h,y)-f(x,y)}{h}$$

$$f_y(x,y)=\lim_{k\to 0}\frac{f(x,y+k)-f(x,y)}{k}$$

$f_x(x,y)$ を x についての, $f_y(x,y)$ を y についての偏導関数といいます．
$z=f(x,y)$ として $f_x(x,y)$ を $f_x,\quad z_x,\quad \dfrac{\partial f}{\partial x},\quad \dfrac{\partial z}{\partial x}$
$f_y(x,y)$ を $f_y,\quad z_y,\quad \dfrac{\partial f}{\partial y},\quad \dfrac{\partial z}{\partial y}$ とも表します．
$f(x,y)$ の x についての偏導関数 $f_x(x,y)$ を求めることを $f(x,y)$ を x について偏微分するといい, $f_y(x,y)$ を求めることを $f(x,y)$ を y について偏微分するという．f_x を求めること, すなわち x で $f(x,y)$ を偏微分することは $f(x,y)$ の y を定数とみて x で微分することです．$f(x,y)$ を y で偏微分することは x を定数とみて y で微分することです．
例をあげます．

$$f(x,y)=3x^5y^2+2xy+3x+5$$

のとき $f_x(x,y)=15x^4y^2+2y+3,\quad f_y(x,y)=6x^5y+2x$ となります．
関数 $z=f(x,y)$ について $f_x(x,y)$, $f_y(x,y)$ がさらに偏微分可能なら, つぎのように
$\dfrac{\partial}{\partial x}(\dfrac{\partial z}{\partial x})$ を $\dfrac{\partial^2 z}{\partial x^2},\quad f_{xx}\qquad \dfrac{\partial}{\partial y}(\dfrac{\partial z}{\partial x})$ を $\dfrac{\partial^2 z}{\partial y\partial x},\quad f_{xy}$
$\dfrac{\partial}{\partial x}(\dfrac{\partial z}{\partial y})$ を $\dfrac{\partial^2 z}{\partial x\partial y},\quad f_{yx}\qquad \dfrac{\partial}{\partial y}(\dfrac{\partial z}{\partial y})$ を $\dfrac{\partial^2 z}{\partial y^2},\quad f_{yy}$
などと書き 2 次 (階) 偏導関数といいます．このとき $f(x,y)$ は 2 回偏微分可能といいます．一般には f_{xy} と f_{yx} は違います．偏微分の順序に注意します．しかし f_{xy} も f_{yx} も存在して f_{xy} か f_{yx} が連続ならば一致します．
合成関数の微分法（偏微分法）について述べます．
$z=f(u),\quad u=u(x,y)$ のとき $z=f(u(x,y))$ で $\dfrac{\partial z}{\partial x}$ は y を定数とみて x で微分することですから

$$\frac{\partial z}{\partial x}=f'(u)\frac{\partial u}{\partial x}$$

同様に

$$\frac{\partial z}{\partial y}=f'(u)\frac{\partial u}{\partial y}$$

例をあげます．

$$f = \log(x^2 + y^2)$$

について

$f_x = \dfrac{2x}{x^2 + y^2}$, $f_y = \dfrac{2y}{x^2 + y^2}$, $f_{xx} = \dfrac{2(y^2 - x^2)}{(x^2 + y^2)^2}$, $f_{xy} = -\dfrac{4xy}{(x^2 + y^2)^2}$,

$f_{yx} = -\dfrac{4xy}{(x^2 + y^2)^2}$, $f_{yy} = \dfrac{2(x^2 - y^2)}{(x^2 + y^2)^2}$

$f_{xx} + f_{yy} = 0$ が成り立ちます．

$$\Delta = \frac{\partial^2}{\partial x^2} + \frac{\partial^2}{\partial y^2}$$

をラプラシアンといいますが $f_{xx} + f_{yy} = 0$ は $\Delta f = 0$ と書けます．

$\Delta f = 0$ なる C^2 級の関数 f を調和関数といいます．上記の $\log(x^2 + y^2)$ は調和関数です．

「$z = f(x, y)$ は D で C^1 級（f_x, f_y が存在して連続）とする．$x = x(t), y = y(t)$ が I で微分可能なら合成関数 $z = f(x(t), y(t))$ は t の関数として I で微分可能で

$$\frac{dz}{dt} = \frac{\partial f}{\partial x}\frac{dx}{dt} + \frac{\partial f}{\partial y}\frac{dy}{dt}$$

が成り立つ.」また，「$z = f(x, y)$ は D で C^1 級とする．$x = x(u, v), y = y(u, v)$ が u, v について G で偏微分可能なら $z = f(x(u, v), y(u, v))$ は u, v について G で偏微分可能で

$$\frac{\partial z}{\partial u} = \frac{\partial f}{\partial x}\frac{\partial x}{\partial u} + \frac{\partial f}{\partial y}\frac{\partial y}{\partial u}$$

$$\frac{\partial z}{\partial v} = \frac{\partial f}{\partial x}\frac{\partial x}{\partial v} + \frac{\partial f}{\partial y}\frac{\partial y}{\partial v}$$

が成り立つ.」連鎖律といいます．

つぎの 2 変数関数 $f(x, y)$ の平均値の定理が成り立ちます．

「関数 $f(x, y)$ は D で C^1 級で (a, b) と $(a + h, b + k)$ を結ぶ線分が D に属するとき

$$f(a + h, b + k) - f(a, b) = hf_x(a + \tau h, b + \tau k) + kf_y(a + \tau h, b + \tau k)$$

なる τ $(0 < \tau < 1)$ が存在する.」

実際，$F(t) = f(a + th, b + tk)$ とおくと $f(x, y)$ は C^1 級なので $F(t)$ に $0 \leqq t \leqq 1$ で

1変数関数の平均値の定理を使って $F(1)-F(0)=F'(\tau)$ なる $\tau \quad (0<\tau<1)$ が存在します. すなわち

$$f(a+h,b+k)-f(a,b)=hf_x(a+\tau h,b+\tau k)+kf_y(a+\tau h,b+\tau k)$$

なる $\tau \quad (0<\tau<1)$ が存在します.

1変数関数の微分可能に当たる2変数関数 $f(x,y)$ の全微分可能性について, つぎに述べます.

関数 $f(x,y)$ に対して

$$f(a+h,b+k)=f(a,b)+Ah+Bk+o(\sqrt{h^2+k^2})$$

を満たす定数 A,B が存在するとき $f(x,y)$ は (a,b) において全微分可能といいます.

$f(x,y)$ が (a,b) で全微分可能なら偏微分可能で $A=f_x(a,b)$, $B=f_y(a,b)$ となります.

逆に偏微分可能で $f_x(x,y)$,$f_y(x,y)$ が連続すなわち $f(x,y)$ が C^1 級なら

$$f(a+h,b+k)=f(a,b)+f_x(a,b)h+f_y(a,b)k+o(\sqrt{h^2+k^2})$$

となり $f(x,y)$ は全微分可能になります.

1変数関数の微分可能に当たるのは2変数関数では偏微分可能ではなく全微分可能です.

関数 $f(x,y)$ は (a,b) で全微分可能とする. 曲面 $z=f(x,y)$ 上の点 $(a,b,f(a,b))$ における接平面の方程式は

$$z=f(a,b)+f_x(a,b)(x-a)+f_y(a,b)(y-b)$$

で与えられます.

この接平面は曲面 $z=f(x,y)$ 上の点 $(a,b,f(a,b))$ を通りベクトル $(f_x(a,b),f_y(a,b),-1)$ に垂直な平面です.

点 $(a,b,f(a,b))$ を通りベクトル $(f_x(a,b),f_y(a,b),-1)$ に平行な直線を点 $(a,b,f(a,b))$ における法線といいますが, 法線の方程式は

$$\frac{x-a}{f_x(a,b)}=\frac{y-b}{f_y(a,b)}=\frac{z-f(a,b)}{-1}$$

で与えられます.

1変数関数の場合と同様に, 関数 $z=f(x,y)$ の点 (a,b) での極大, 極小は (a,b) の十

分小さい近傍での最大, 最小で定義します. すなわち $|h|, |k|$ が十分小さな h, k に対して $f(a,b) > f(a+h, b+k)$ が成り立つとき $f(x,y)$ は (a,b) で極大値 $f(a,b)$ をとり, $f(a,b) < f(a+h, b+k)$ なら (a,b) で極小値 $f(a,b)$ をとるといいます.
「$f(x,y)$ が (a,b) で偏微分可能で $f(x,y)$ が (a,b) で極値をとれば $f_x(a,b) = 0$ かつ $f_y(a,b) = 0$」が成り立つことは偏微分の定義と 1 変数の結果から分かります. この逆を考えます.
$f(x,y)$ は $f_x(a,b) = 0$ かつ $f_y(a,b) = 0$ からだけでは (a,b) で極値をとるとはいえません. 更に

$$\Delta := f_{xx}(a,b)f_{yy}(a,b) - (f_{xy}(a,b))^2$$

とおき
$\Delta > 0$ で $f_{xx}(a,b) > 0$ なら (a,b) で極小値 $f(a,b)$ をとる.
$\Delta > 0$ で $f_{xx}(a,b) < 0$ なら (a,b) で極大値 $f(a,b)$ をとる.
$\Delta < 0$ なら (a,b) で極値をとりません.
$\Delta = 0$ ならこれからだけでは分からず更に吟味する必要があります. このときは定義にもどり, $f(a,b)$ と $|h|, |k|$ が十分小なる $f(a+h, b+k)$ との大小関係を比べればよいのです.
上記はつぎのことが成り立つからいえるのです.
「$f(x,y)$ が C^2 級のとき,

$$\begin{aligned} f(a+h, b+k) &= f(a,b) + f_x(a,b)h + f_y(a,b)k \\ &\quad + \frac{1}{2}\{f_{xx}(a,b)h^2 + 2f_{xy}(a,b)hk + f_{yy}(a,b)k^2\} + o(h^2+k^2) \end{aligned}$$」

例をあげます.

$$f(x,y) = x^3 + y^3 - 3xy$$

について $f_x = 3x^2 - 3y, \quad f_y = 3y^2 - 3x, \quad f_{xx} = 6x, \quad f_{xy} = -3, \quad f_{yy} = 6y.$

$$\begin{cases} 3x^2 - 3y = 0 \\ 3y^2 - 3x = 0 \end{cases}$$

を解いて $(0,0), \quad (1,1)$ が極値をとる候補点ですが,$(0,0)$ では $\Delta < 0$ ですので極値をとりません. $(1,1)$ では $\Delta > 0$ かつ $f_{xx}(1,1) > 0$ ですので $(1,1)$ で極小値 $f(1,1) = -1$ をとります.

$$f(x,y) = x^2 + y^4$$

について $f_x = 2x, f_y = 4y^3$ より

$$\begin{cases} 2x = 0 \\ 4y^3 = 0 \end{cases}$$

を解いて $(0,0)$ が候補点で $(0,0)$ で $\Delta = 0$. $f(0,0) = 0$. $|h|, |k|$ を十分小として $f(h,k) = h^2 + k^4 > 0$. ゆえに $(0,0)$ で極小値 $f(0,0) = 0$ をとります.

$f(x,y) = 0$ が与えられているとき y を x の関数とみて陰関数といいます. それに対して $y = f(x)$ のときは陽関数といいます.

つぎの陰関数の定理が成り立ちます.

「$f(x,y)$ は点 (a,b) の近傍で C^1 級 $f(a,b) = 0, f_y(a,b) \neq 0$ ならば十分小さい $\epsilon, \delta > 0$ に対して, $|x-a| < \delta$ で定義された $b = g(a), f(x, g(x)) = 0, |g(x) - b| < \epsilon$ を満たす関数 $y = g(x)$ がただ一つ存在する.

しかも $f_y(x, g(x)) \neq 0 \quad (|x-a| < \delta)$ および $g'(x) = -\dfrac{f_x(x,g(x))}{f_y(x,g(x))} \quad (|x-a| < \delta)$ が成りたつ.」

この陰関数の定理から次の逆関数の定理が得られます.

「関数 $y = f(x)$ が微分可能で $f'(x)$ が連続, 点 a で $f'(a) \neq 0$ なら $f(a)$ の近傍で逆関数 $x = g(y)$ が定義され $g(y)$ も $f(a)$ の近傍で微分可能で $g'(y) = \dfrac{1}{f'(g(y))}$ で与えられる.」

これは 2 変数 x, y の関数 $F(x,y) = f(x) - y$ を考えて $F(x,y)$ に陰関数の定理を使えば $F_x(x,y) = f'(x), \quad F_y(x,y) = -1$ なので結果が従います.

さらに $f(x,y,z) = 0$ が与えられたとき z を (x,y) の関数とみて陰関数といいますが, 前の x を (x,y), y を z と考えて, $f_z(a,b,c) \neq 0$ ならば (a,b) の近傍で関数 $z = g(x,y)$ がただ一つ存在して $f(x,y,g(x,y)) = 0$ となり, $f(x,y,g(x,y)) = 0$ を x, y で偏微分して

$$g_x(x,y) = -\frac{f_x(x,y,g(x,y))}{f_z(x,y,g(x,y))}$$

$$g_y(x,y) = -\frac{f_y(x,y,g(x,y))}{f_z(x,y,g(x,y))}$$

がいえます.

つぎに, 条件 $\varphi(x,y) = 0$ の下で関数 $f(x,y)$ の極値を求めることを考えます. $\varphi(x,y) = 0$ から具体的に $y = g(x)$ と表されるときは, これを f の y に代入して $f(x, g(x))$ は 1 変数 x の関数となります.

$y = g(x)$ と具体的に表せないときも含めて考えると, 先の陰関数の定理から, つぎのラグランジュの定理となります.
「$\varphi(x, y)$ および $f(x, y)$ が C^1 級のとき $\varphi(x, y) = 0$ のもとで, $f(x, y)$ が (a, b) で極値をとるための必要条件は λ を未定定数として

$$f_x(a, b) - \lambda\varphi_x(a, b) = 0$$

$$f_y(a, b) - \lambda\varphi_y(a, b) = 0$$

$$\varphi(a, b) = 0$$

となることである. ただし $\varphi_x(a, b)^2 + \varphi_y(a, b)^2 > 0$ とする.」
すなわち λ を x, y と共に独立変数と考えて

$$F(x, y, \lambda) = f(x, y) - \lambda\varphi(x, y)$$

と定義して
$F_x = f_x - \lambda\varphi_x, \quad F_y = f_y - \lambda\varphi_y, \quad F_\lambda = -\varphi(x, y)$
$F_x = F_y = F_\lambda = 0$ なる点 (x, y, λ) を見つければ, (x, y) が $\varphi(x, y) = 0$ のもとで $f(x, y)$ が極値をとる候補の点となるということです.

5.7 二重積分

一変数のときの定積分を拡張して, 二重積分の定義をします. まず, 関数 $f(x, y)$ は長方形 $\mathrm{R} = \{(x, y) | a \leqq x \leqq b, \quad c \leqq y \leqq d\}$ で定義されているとします.
長方形 R を分割 $\Delta : a = a_0 < a_1 < \cdots < a_m = b, \quad c = c_0 < c_1 < \cdots < c_n = d$ として mn 個の小長方形 $R_{i,j} = \{(x, y) | a_{i-1} \leqq x \leqq a_i, \quad c_{j-1} \leqq y \leq c_j\}$,
$i = 1, 2, \ldots m, j = 1, 2, \ldots n$ に分割します. R_{ij} から任意に点 (ξ_{ij}, η_{ij}) をとり, 和

$$\sum_{i=1}^{m} \sum_{j=1}^{n} f(\xi_{ij}, \eta_{ij})(a_i - a_{i-1})(c_j - c_{j-1})$$

を考え, 分割を細かくしたときの極限が存在すれば $f(x, y)$ は R で積分可能 (integrable) といい, その極限値を

$$\int\int_R f(x, y) dx dy$$

と書きます.
すなわち,

$$\int\int_R f(x,y)dxdy = \lim_{|\Delta|\to 0}\sum_{i=1}^{m}\sum_{j=1}^{n} f(\xi_{ij},\eta_{ij})(a_i - a_{i-1})(c_j - c_{j-1})$$

ここで, $|\Delta| = \max_{1\leqq i\leqq m, 1\leqq j\leqq n} \sqrt{(a_i - a_{i-1})^2 + (c_j - c_{j-1})^2}$

長方形 R とは限らない有界閉集合 D で定義された関数 $f(x,y)$ に対しては D を含む長方形 R をとり R 上の関数 $f^*(x,y)$ を

$$f^*(x,y) = \begin{cases} f(x,y) & (x,y)\in D \\ 0 & (x,y)\in R-D \end{cases}$$

と定めて

$$\int\int_D f(x,y)dxdy = \int\int_R f^*(x,y)dxdy$$

と D での $f(x,y)$ の二重積分

$$\int\int_D f(x,y)dxdy$$

を定義します. この定義は R のとり方によりません.

$f(x,y)$ が D 上で連続ならば積分可能であることが分かります. 定数関数 1 が D 上で積分可能のとき D は面接確定であるといい,

$$m(D) = \int\int_D 1dxdy = \int\int_D dxdy$$

を D の面積といいます.

二重積分の計算は上の定義に従って計算することは少なく, つぎのように 1 変数関数の積分（単一積分といいます）を 2 回繰り返して行う累次積分で計算します. すなわち長方形 R : $a \leqq x \leqq b,\quad c \leqq y \leqq d$ で定義された関数 $f(x,y)$ の x を $a \leqq x \leqq b$ に固定して $\varphi(x) = \int_c^d f(x,y)dy$ とおき, $\varphi(x)$ の $x=a$ から $x=b$ までの定積分 $\int_a^b \varphi(x)dx$ を

$$\int_a^b \Big(\int_c^d f(x,y)dy\Big)dx$$

と書きます. 簡単に

$$\int_a^b dx \int_c^d f(x,y)dy$$

とも書きます. 先に y を $c \leqq y \leqq d$ に固定して, $\psi(y) = \displaystyle\int_a^b f(x,y)dx$ とおいて $\displaystyle\int_c^d \psi(y)dy$ が存在すれば

$$\int_c^d \Big(\int_a^b f(x,y)dx\Big)dy$$

と書きます. すなわち $f(x,y)$ は長方形 $R = \{(x,y)|a \leqq x \leqq b, \quad c \leqq y \leqq d\}$ で連続ならば

$$\int\int_D f(x,y)dxdy = \int_a^b \Big(\int_c^d f(x,y)dy\Big)dx = \int_c^d \Big(\int_a^b f(x,y)dx\Big)dy$$

が成り立ちます. 左辺は二重積分, 右辺は累次積分といいます.
関数 $f(x,y)$ の定義域が長方形でなく, 領域の境界を定める曲線が具体的な関数で与えられているとき, すなわち $f(x,y)$ がつぎのような閉領域 D で連続のとき二重積分は累次積分で計算できます.
$D = \{(x,y)|a \leqq x \leqq b, \quad \varphi_1(x) \leqq y \leqq \varphi_2(x)\}$ ただし $\varphi_1(x), \varphi_2(x)$ は $a \leqq x \leqq b$ で連続のとき

$$\int\int_D f(x,y)dxdy = \int_a^b \Big(\int_{\varphi_1(x)}^{\varphi_2(x)} f(x,y)dy\Big)dx$$

$D = \{(x,y)|\psi_1(y) \leqq x \leqq \psi_2(y)\}$ ただし $\psi_1(y)$,$\psi_2(y)$ は $c \leqq y \leqq d$ で連続のとき

$$\int\int_D f(x,y)dxdy = \int_c^d \Big(\int_{\psi_1(y)}^{\psi_2(y)} f(x,y)dx\Big)dy$$

すなわち二重積分は累次積分で計算できます.
先に x をとめて y で積分するか, 先に y をとめて x で積分するかの違いですが, 単一積分（1変数の積分）が求め易い方からするのが普通です. これを積分順序の変更といいます.
例

$$I = \int\int_D (x^2+y^2)dxdy, \quad D = \{(x,y)|0 \leqq x \leqq 1, \quad 0 \leqq y \leqq 1-x\}$$

のとき

$$
\begin{aligned}
I &= \int_0^1 \Big(\int_0^{1-x} (x^2+y^2)dy\Big)dx \\
&= \int_0^1 \Big[x^2y+\frac{y^3}{3}\Big]_{y=0}^{y=1-x} dx \\
&= \int_0^1 \Big(x^2(1-x)+\frac{(1-x)^3}{3}\Big)dx = \frac{1}{6}
\end{aligned}
$$

例

$$
I = \int_0^1 \Big(\int_x^1 \sin \pi y^2 dy\Big)dx
$$

を積分順序を変更して求めます.

$$
\begin{aligned}
I &= \int_0^1 \Big(\int_0^y \sin \pi y^2 dx\Big)dy \\
&= \int_0^1 \Big[x \sin \pi y^2\Big]_{x=0}^{x=y} dy \\
&= \int_0^1 y \sin \pi y^2 dy \\
&= \frac{1}{2\pi}\Big[-\cos \pi y^2\Big]_0^1 \\
&= \frac{1}{2\pi}(1+1) = \frac{1}{\pi}
\end{aligned}
$$

二重積分の変数変換はつぎのようになります. u, v 平面の閉領域 G で C^1 級の関数の組

$$
\begin{cases} x = x(u,v) \\ y = y(u,v) \end{cases}
$$

で xy 平面上の領域 D が 1 対 1 に対応し, $f(x,y)$ が D で連続ならば, $(x,y) \in D$ から $(u,v) \in G$ に変数変換すると

$$
\int\int_D f(x,y)dxdy = \int\int_G f(x(u,v), y(u,v))|J|dudv
$$

が成り立ちます. ここで

$$
J = \begin{vmatrix} \dfrac{\partial x}{\partial u} & \dfrac{\partial x}{\partial v} \\ \dfrac{\partial y}{\partial u} & \dfrac{\partial y}{\partial v} \end{vmatrix}
$$

でヤコビアンといわれます.

特に $(x,y)\in D$ から極座標 (r,θ) に変換すると $x=r\cos\theta,\quad y=r\sin\theta$ なので $J=r$ となり

$$\int\int_D f(x,y)dxdy=\int\int_G f(rcos\theta,r\sin\theta)rdrd\theta$$

となります. 前に述べた広義積分

$$\int_0^\infty e^{-x^2}dx=\frac{\sqrt{\pi}}{2}$$

はつぎのように二重積分を使って求めることができます. $I=\displaystyle\int_0^\infty e^{-x^2}dx$ とおく

$$I^2=\int_0^\infty e^{-x^2}dx\int_0^\infty e^{-y^2}dy=\lim_{R\to\infty}\int\int_{K_R}e^{-(x^2+y^2)}dxdy$$

ここで $K_R=\{(x,y)|0\leqq x\leqq R,\quad 0\leqq y\leqq R\}$ を 1 辺 R の正方形. B_R を半径 R の 4 分円. $B_{\sqrt{2}R}$ を半径 $\sqrt{2}R$ の 4 分円とすると $B_R\subset K_R\subset B_{\sqrt{2}R}$ なので $e^{-(x^2+y^2)}>0$ に注意すると

$$(*)\quad \int\int_{B_R}e^{-(x^2+y^2)}dxdy<\int\int_{K_R}e^{-(x^2+y^2)}dxdy<\int\int_{B_{\sqrt{2}R}}e^{-(x^2+y^2)}dxdy$$

$\displaystyle\int\int_{B_R}e^{-(x^2+y^2)}dxdy$ を $x=r\cos\theta,\quad y=r\sin\theta$ と極座標変換で求めると

$$\begin{aligned}\int\int_{B_R}e^{-(x^2+y^2)}dxdy&=\int_0^{\frac{\pi}{2}}\Big(\int_0^R e^{-r^2}rdr\Big)d\theta\\&=\int_0^{\frac{\pi}{2}}\Big[-\frac{1}{2}e^{-r^2}\Big]_{r=0}^{r=R}d\theta\\&=\int_0^{\frac{\pi}{2}}\Big(-\frac{1}{2}e^{-R^2}+\frac{1}{2}\Big)d\theta\\&=\frac{1}{2}\Big(1-e^{-R^2}\Big)\frac{\pi}{2}=\frac{\pi}{4}\Big(1-e^{-R^2}\Big)\end{aligned}$$

$(*)$ は

$$\frac{\pi}{4}\Big(1-e^{-R^2}\Big)<I^2<\frac{\pi}{4}\Big(1-e^{-2R^2}\Big)$$

ここで R $\to \infty$ とすると両辺とも $\dfrac{\pi}{4}$ に近づくので $I^2 = \dfrac{\pi}{4}$. ゆえに $I = \dfrac{\sqrt{\pi}}{2}$
xy 平面の領域 D で定義された C^1 級の曲面 $z = f(x, y)$ の曲面積 S は

$$S = \int\int_D \sqrt{1 + f_x^2(x, y) + f_y^2(x, y)}dxdy$$

で与えられます.
証明の要点を記すと, D を小領域 D_i に分割し, D_i 上の曲面を S_i とし $\sum_i S_i$ の分割を細かくした極限が曲面の曲面積なのですが, 曲面が C^1 級なら曲面積は存在し, 上の式で与えられることが分かるのです. S_i の接平面 T_i への正射影 R_i を考え、接平面と xy 平面のなす角を θ_i とすると R_i の面積 $|R_i|$ は $|R_i| = S_i \cos\theta_i$ ここで

$$\cos\theta_i = \frac{1}{\sqrt{1 + f_x^2(x_i, y_i) + f_y^2(x_i, y_i)}}$$

したがって

$$\sum_i S_i = \sum_i \sqrt{1 + f_x^2(x_i, y_i) + f_y^2(x_i, y_i)}|R_i|$$

分割を細かくした極限をとると結論を得ます.
例をあげます.
円柱面 $y^2 + z^2 = a^2$ から円柱 $x^2 + y^2 \leqq a^2$ が切り取る部分の曲面積 S を求めます.
$D = \{(x, y)|x^2 + y^2 \leqq a^2\}$ とし, 曲面 $z = \sqrt{a^2 - y^2}$ の D における曲面積の 2 倍が求める曲面積 S ですから $z_x = 0, \quad z_y = \dfrac{-y}{\sqrt{a^2 - y^2}}$ より

$$\begin{aligned}
S &= 2\int\int_D \sqrt{1 + z_x^2 + z_y^2} \\
&= 2\int\int_D \frac{a}{\sqrt{a^2 - y^2}}dxdy \\
&= 2a\int_{-a}^{a}\left(\int_{-\sqrt{a^2-y^2}}^{\sqrt{a^2-y^2}} \frac{1}{\sqrt{a^2 - y^2}}dx\right)dy \\
&= 2a\int_{-a}^{a} 2dy = 8a^2
\end{aligned}$$

6　微分方程式

6.1　1 階微分方程式

微分方程式は物理現象を記述するのに欠かせないものです.
独立変数とその関数および導関数を含む方程式を (常) 微分方程式といいます. 一般に変数を x, 関数を y と書くと $F(x, y, y', \cdots y^{(n)}) = 0$ と表わされます. 独立変数が 2 個以上の関数とその偏導関数を含む方程式は偏微分方程式といわれますがここでは扱いません. 微分方程式に含まれる導関数の最大階数 (次数) を元の微分方程式の階数といいます. ある区間で微分方程式をみたす関数をその微分方程式の解, 解を求めることをその微分方程式を解くといいます. n 階微分方程式の解で, n 個の任意定数を含む解を一般解, その一般解の中で任意定数を指定した解を特殊解, 一般解の定数を指定して得られない解を特異解といいます. 特異解は微分方程式によって存在する場合と存在しない場合があります.
1 階と 2 解の微分方程式の解法を述べます. まず, 四則演算と微分を有限回行って解ける求積法について述べます.
$y' = f(x)g(y)$ の形すなわち y' は $\dfrac{dy}{dx}$ とも書けることに注意して一般に

$$\frac{dy}{dx} = f(x)g(y)$$

の形の微分方程式を変数分離形といいます.
これは求積法でつぎのように解けます. $\dfrac{1}{g(y)}\dfrac{dy}{dx} = f(x)$ と変形し, 両辺を x で積分して, $\displaystyle\int \frac{1}{g(y)}\frac{dy}{dx}dx = \int f(x)dx + C$. 両辺の積分を計算すると一般解が得られます.
なお, $\dfrac{dy}{dx} = f(x)g(y)$ を形式的に

$$\frac{dy}{g(y)} = f(x)dx$$

と変形して両辺を積分して

$$\int \frac{dy}{g(y)} = \int f(x)dx$$

としてもよいのです.

例えば $y' = 2xy$ を解くと

$$\begin{aligned} \frac{dy}{dx} &= 2xy \\ \frac{dy}{y} &= 2xdx \\ \int \frac{dy}{y} &= \int 2xdx + C_1 \\ \log|y| &= x^2 + C_1 \\ y &= e^{x^2+C_1} \\ y &= e^{x^2} \cdot e^{C_1} \end{aligned}$$

改めて $e^{C_1} = C$ とおいて $y = Ce^{x^2}$　(C は任意定数) が一般解.

同次形といわれるつぎの形の微分方程式

$$\frac{dy}{dx} = f\left(\frac{y}{x}\right)$$

はつぎのようにして変数分離形となり解けます.

すなわち $\dfrac{y}{x} = u$ とおいて $y = xu$

両辺を x で微分して

$$\frac{dy}{dx} = u + x\frac{du}{dx}$$

これをもとの微分方程式に代入すると

$$u + x\frac{du}{dx} = f(u)$$

すなわち

$$x\frac{du}{dx} = f(u) - u$$

これは変数分離形です．

例

$$
\begin{aligned}
y' &= \frac{y-x}{x} \text{を解くと} \\
\frac{dy}{dx} &= \frac{y}{x} - 1 \\
\frac{y}{x} &= u \text{ とおくと} \\
y &= xu \quad \text{両辺を } x \text{ で微分して} \\
\frac{dy}{dx} &= u + x\frac{du}{dx} \quad \text{もとの方程式に代入して} \\
u + x\frac{du}{dx} &= u - 1 \quad \text{変形して} \\
du &= -\frac{1}{x}dx \\
\int du &= \int -\frac{1}{x}dx \\
u &= -\log|x| + C \\
\frac{y}{x} &= -\log|x| + C \\
y &= -x\log|x| + Cx
\end{aligned}
$$

よって一般解は $y = -x\log|x| + Cx$ 　(C は任意定数)

つぎに線形微分方程式について述べます．1 階線形微分方程式

$$\frac{dy}{dx} + P(x)y = Q(x)$$

はつぎのように解けます．$Q(x) = 0$ とした

$$\frac{dy}{dx} + P(x)y = 0 \quad \text{(補助方程式という)}$$

は変数分離形で

$$\frac{1}{y}\frac{dy}{dx} = -P(x)$$

$$\log y = -\int P(x)dx + C_1 \quad (C_1\text{は任意定数})$$

$$y = e^{-\int P(x)dx + C_1}$$

$C_2 = e^{C_1}$ として

$$y = C_2 e^{-\int P(x)dx}$$

そこで C_2 を x の関数 $u(x)$ で置き換えて

$$y = u(x)e^{-\int P(x)dx}$$

がもとの方程式の解であるように $u(x)$ を定めます.

$$\frac{dy}{dx} = \frac{du}{dx}e^{-\int P(x)dx} + u(x)e^{-\int P(x)dx} \cdot (-P(x))$$

もとの方程式は代入して

$$\frac{du}{dx}e^{-\int P(x)dx} + u(x)e^{-\int P(x)dx}(-P(x)) + P(x)u(x)e^{-\int P(x)dx} = Q(x)$$

$$\frac{du}{dx} = e^{\int P(x)dx}Q(x) \qquad \therefore \quad u(x) = \int e^{\int P(x)dx}Q(x)dx + C$$

したがって

$$y = e^{-\int P(x)dx}\left(\int e^{\int P(x)dx}Q(x)dx + C\right) \quad (C\text{ は任意定数})$$

が線形微分方程式 $\dfrac{dy}{dx} + P(x)y = Q(x)$ の一般解です.
上で求めた方法は定数変化法といわれます.
例. $\dfrac{dy}{dx} + xy = x$ を解きます.
上記公式より

$$\begin{aligned} y &= e^{-\int xdx}\left(\int e^{\int xdx}xdx + c\right) \\ &= e^{-\frac{x^2}{2}}\left(\int e^{\frac{x^2}{2}}xdx + c\right) \\ &= e^{-\frac{x^2}{2}}(e^{\frac{x^2}{2}} + c) \\ &= 1 + ce^{-\frac{x^2}{2}} \qquad (c\text{ は任意定数}) \end{aligned}$$

6.2　2 階微分方程式

つぎに, 2 階線形微分方程式

$$y'' + p(x)y' + q(x)y = r(x)$$

を解くことを考えます. まずは $r(x) \equiv 0$ のとき, すなわち 2 階同次線形微分方程式

$$y'' + p(x)y' + q(x)y = 0$$

について考えます. $y_1(x), y_2(x)$ が

$$(*) \quad y'' + p(x)y' + q(x)y = 0$$

の解ならば $y = c_1y_1(x) + c_2y_2(x) \quad (c_1, c_2$は任意定数) も $(*)$ の解であることは容易に分かりますが $y_1(x), y_2(x)$ が $(*)$ の解で, かつ

$$W(y_1, y_2) = \begin{vmatrix} y_1(x) & y_2(x) \\ y_1'(x) & y_2'(x) \end{vmatrix} \neq 0$$

ならば $(*)$ の任意の解 y は

$$y = c_1y_1 + c_2y_2 \quad (c_1, c_2 \text{は定数})$$

と表わされることが分かるのですが証明にはふれません.
$W(y_1, y_2) = \begin{vmatrix} y_1(x) & y_2(x) \\ y_1'(x) & y_2'(x) \end{vmatrix}$ はロンスキアン (ロンスキー行列式) といわれます. ロンスキアンを 0 にしない $(*)$ の解の組は基本解といわれます. すなわちロンスキアンを 0 にしない $(*)$ の 2 つの解をつくれば $(*)$ は解けることになります.
このことを使うとつぎの定数係数 2 階線形同次微分方程式

$$(1) \quad y'' + ay' + by = 0 \quad (a, b \text{ は実定数})$$

について $y = e^{tx}$ とおくと $y' = te^{tx}, y'' = t^2e^{tx}$ なので (1) に代入して

$$t^2e^{tx} + ate^{tx} + be^{tx} = 0$$

$$(t^2 + at + b)e^{tx} = 0$$

e^{tx} が (1) の解となるためには

$$(2) \quad t^2 + at + b = 0$$

となればよいです.
(2) を (1) の特性方程式といいます. したがつて, (1) の解は (2) の解を求めるとつぎのようになります。
(i)　(2) の解が相異なる実数解 α, β のとき (1) の解は $y = c_1e^{\alpha x} + c_2e^{\beta x}$

(ii)　(2) の解が重解 α のとき (1) の解は $y = c_1e^{\alpha x} + c_2xe^{\alpha x}$

(iii)　(2) の解が $\alpha \pm \beta i$ のとき (1) の解は $y = e^{\alpha x}(c_1 \cos\beta x + c_2 \sin\beta x)$ ここで c_1, c_2 は任意定数

(i) だけ示します.

$e^{\alpha x}, e^{\beta x}$ は (1) の解で $W(e^{\alpha x}, e^{\beta x}) = \begin{vmatrix} e^{\alpha x} & e^{\beta x} \\ \alpha e^{\alpha x} & \beta e^{\beta x} \end{vmatrix} = (\beta - \alpha)e^{(\alpha+\beta)x} \neq 0$ なので $e^{\alpha x}, e^{\beta x}$ は (1) の基本解. したがって (1) の解は $c_1e^{\alpha x} + c_2e^{\beta x}$ となります.

(ii) は $e^{\alpha x}$ と $xe^{\alpha x}$, (iii) は $e^{\alpha x}\cos\beta x$ と $e^{\alpha x}\sin\beta x$ がそれぞれ (1) の解になることとロンスキアンを 0 にしないことが示されて上記が成り立つことが分かります.

例

$$y'' - 9y = 0$$

を解きます.

特性方程式 $t^2 - 9 = 0$ を解いて $t = 3, -3$. よって解は

$$y = c_1e^{3x} + c_2e^{-3x} \quad (c_1, c_2\text{は任意定数})$$

例

$$y'' + 4y' + 4y = 0$$

を解きます.

特性方程式 $t^2 + 4t + 4 = 0$ を解いて $t = -2$(重解). よって解は

$$y = c_1e^{-2x} + c_2xe^{-2x} \quad (c_1, c_2\text{は任意定数})$$

例

$$y'' + 10y' + 26y = 0$$

を解きます.

特性方程式 $t^2 + 10t + 26 = 0$ を解いて $t = -5 \pm i$. したがって解は

$$y = e^{-5x}(c_1 \cos x + c_2 \sin x) \quad (c_1, c_2\text{は任意定数})$$

　2 階線形微分方程式

$$(3) \quad y'' + p(x)y' + q(x)y = r(x)$$

は $r(x) = 0$ とおいた (3) に付随する同次微分方程式

$$(4) \quad y'' + p(x)y' + q(x)y = 0 \quad (\text{補助方程式という})$$

の基本解を y_1, y_2 とすれば,(3) の 1 つの解 (特殊解) を Y として,(3) の任意の解は

$$y = Y(x) + c_1y_1 + c_2y_2 \quad (c_1, c_2 \text{は任意定数})$$

と表わされます. すなわち非同次線形微分方程式 (3) の一般解は (3) の一つの特殊解とそれに付随する同次の微分方程式の一般解の和で表わされるということです.
なぜなら (3) の任意の解を y とすると

$$y'' + p(x)y' + q(x)y = r(x)$$

Y も (3) の解なので

$$Y'' + p(x)Y' + q(x)Y = r(x)$$

辺々引いて整理すると

$$(y - Y)'' + p(x)(y - Y)' + q(x)(y - Y) = 0$$

すなわち $y - Y$ は補助方程式の解. したがって前に述べたように

$$y - Y = c_1y_1 + c_2y_2$$

と表わされ結論を得ます.
補助方程式 (4) が定数係数で (3) の $r(x)$ が多項式や指数関数など特別な形のときには (3) の特殊解 $Y(x)$ を求めることができます. 例をあげます.
例

$$y'' - 4y' + 3y = 6x + 1$$

を解きます. 求める特殊解を

$$Y = ax^2 + bx + c$$

とおくと $Y' = 2ax + b$, $Y'' = 2a$. これらをもとの方程式に代入して

$$2a - 4(2ax + b) + 3(ax^2 + bx + c) = 6x + 1$$

整理して両辺の係数を比較すると $a = 0, \quad b = 2, \quad c = 3$. よって特殊解は

$$Y = 2x + 3$$

一方, $y'' - 4y' + 3y = 0$ の基本解は

$$y_1 = e^x, \quad y_2 = e^{3x}$$

なので, もとの方程式の一般解は

$$y = 2x + 3 + c_1 e^x + c_2 e^{3x} \quad (c_1, c_2 \text{は任意定数})$$

例

$$y'' - 2y' + y = 3e^{2x}$$

を解きます. 求める特殊解を

$$Y = ae^{2x}$$

とおくと

$$Y' = 2ae^{2x}, \quad Y'' = 4ae^{2x}$$

もとの方程式に代入して, $4ae^{2x} - 4ae^{2x} + ae^{2x} = 3e^{2x}$. ゆえに $a = 3$. よって

$$Y = 3e^{2x}$$

一方, $y'' - 2y' + y = 0$ の一般解は $y = c_1 e^x + c_2 x e^x \quad (c_1, c_2$は任意定数). したがって, もとの微分方程式の一般解は

$$y = 3e^{2x} + c_1 e^x + c_2 x e^x \quad (c_1, c_2 \text{は任意定数})$$

2 階線形微分方程式 $y'' + p(x)y' + q(x)y = r(x)$ の一般解を, それに付随する同次の線形微分方程式 $y'' + p(x)y' + q(x)y = 0$ の一つの特殊解から求める方法 (定数変化法という) があります. 証明にはふれず結果のみ記しておきます.

$$y'' + p(x)y' + q(x)y = 0$$

の一つの特殊解を $u(x)$ とする.

$$v(x) = u(x) \int u(x)^{-2} e^{-\int p(x)dx} dx$$

とおくと

$$y'' + p(x)y' + q(x)y = r(x)$$

の一般解は

$$y = c_1 u(x) + c_2 v(x) + v(x) \int r(x)u(x)e^{\int p(x)dx} dx$$
$$-u(x) \int r(x)v(x)e^{\int p(x)dx} dx \quad (c_1, c_2 \text{は任意定数})$$

で与えられる.
また, この定数変化法と使うと $y'' + p(x)y' + q(x)y = 0$ の基本解が二つ分かっているときは, $y'' + p(x)y' + q(x)y = r(x)$ の一般解を求めることができます. すなわち

$$y'' + p(x)y' + q(x)y = 0$$

の基本解を $y_1(x), y_2(x)$ とすると

$$y'' + p(x)y' + q(x)y = r(x)$$

の一般解は

$$\begin{aligned} y &= c_1 y_1(x) + c_2 y_2(x) \\ &\quad + y_2(x) \int \frac{r(x)y_1(x)}{W(y_1, y_2)} dx - y_1(x) \int \frac{r(x)y_2(x)}{W(y_1, y_2)} dx \quad (c_1, c_2\text{は任意定数}) \end{aligned}$$

で与えられます.

7 複素関数

7.1 複素数と複素平面

微積分は実変数の実数値関数を考えますが, これから数の範囲を複素数まで広げて複素変数の複素数値関数を考えます. 一口で言えば, 複素数の微積分を通常, 関数論といいます. 主として正則関数といわれる関数が考察の対象です. 独立変数が 1 個のときを扱います. 独立変数が 2 個以上のときが多変数関数ですがここでは扱いません.
まず, 複素数の定義から始めます. 方程式を解こうとすると, 数の範囲を広げる必要がでてきます. 例えば, 方程式 $x^2+1=0$ は実数の範囲に解は存在しません. $x^2+1=0$ の解は実数ではありませんが, 解の 1 つを i と記します. すなわち $i^2=-1$ です. i を虚数単位といいます. i を $\sqrt{-1}$ とも書きます. すると, $x^2=-1$ の解は実数でない数 i と $-i$ となります. 実数でない数, 虚数といわれるものです. 実数は 2 乗すると正か 0 になりますが, 虚数ではいえません.
a, b を実数として

$$a+bi \quad (i^2=-1)$$

を複素数といいます. $b=0$ のときが実数 a ですので実数は複素数です.
実数でない複素数を虚数といいます. すなわち, 実数と虚数を合わせたものが複素数です. $a=0, b\neq 0$ のときの bi を純虚数といいます. 複素数の厳密な定義は実数の対 (a, b) のことで, 相等, 四則演算を実数のそれを使って定義したもので, このことは数のところで扱っています.
複素数の相等と演算を次のように定めます.
複素数 $a+bi, \quad c+di \quad (a, b, c, d$ は実数$)$ に対して

$$a+bi=c+di \Leftrightarrow a=c \text{ かつ } b=d$$
$$(a+bi)+(c+di)=(a+c)+(b+d)i$$
$$(a+bi)-(c+di)=(a-c)+(b-d)i$$
$$(a+bi)(c+di)=(ac-bd)+(bc+ad)i$$
$$\frac{a+bi}{c+di}=\left(\frac{ac+bd}{c^2+d^2}\right)+\left(\frac{bc-ad}{c^2+d^2}\right)i \quad (c+di\neq 0)$$

すなわち, 結果的には複素数の四則演算は i を 1 つの文字と考えて計算し, $i^2=-1$ でおきかえて $a+bi \quad (a, b$ は実数$)$ の形にすればよいのです.

$a+bi$ に xy 平面の座標 (a,b) の点 P が 1 対 1 に対応します.
また (a,b) を成分とするベクトル $\overrightarrow{\mathrm{OP}}$ が 1 対 1 に対応しますので, 複素数を平面上の点とみたり, ベクトルとみたりすることができます.
このとき, 複素数を表わすとみた平面を複素平面とか, このことを最初に考えたガウスにちなみガウス平面といいます. すなわち複素数を代数的にみたり幾何的にみたりできるのです. x,y を実数とするとき複素数を z で表わし $z=x+iy$ とします.
2 つの複素数 $z_1=x_1+iy_1,\quad z_2=x_2+iy_2$ が与えられたとき
$z_1+z_2,\quad z_1-z_2,\quad z_1z_2,\quad \dfrac{z_1}{z_2}\quad (z_2\neq 0)$ は複素平面上のどこにあるかを代数的, 幾何的に考えてみてください.
複素数 $z=x+iy$ に対して x を z の実部といい $Re(z)$, y を z の虚部といい $Im(z)$ と書きます. また, (x,y) を極座標 (r,θ) で表わすとき, $|z|=r=\sqrt{x^2+y^2}$ を z の絶対値といい, $|z|$ と書き, $x=r\cos\theta,\quad y=r\sin\theta$ なる θ を z の偏角といい $\arg z$ と書きます. $z=0$ の偏角は考えません. $z=x+iy$ に対して $\bar{z}=x-iy$ を共役複素数といいます. $|z|=|\bar{z}|,\quad |z|^2=z\bar{z},\quad \arg\bar{z}=-\arg z$ が成り立ちます.
また, z が実数であるための必要十分条件は $\bar{z}=z$ です. z の偏角 $\theta=\arg z$ は 2π の整数倍の自由度があります. すなわち z の偏角の 1 つを θ_0 とすると $\theta=\arg z=\theta_0+2n\pi\quad 0\leqq\theta_0<2\pi$ (n は整数) と書けます. $0\leqq\theta<2\pi$ にある偏角を偏角の主値といい $Argz$ と書くことがあります. 複素数 z_1,z_2 に対して

$$|z_1z_2|=|z_1||z_2|\qquad \left|\frac{z_1}{z_2}\right|=\frac{|z_1|}{|z_2|}\qquad (z_2\neq 0)$$

$$\overline{z_1+z_2}=\overline{z_1}+\overline{z_2}$$

$\arg(z_1z_2)=\arg z_1+\arg z_2\quad$ (2π の整数倍を除いて)
$\arg\dfrac{z_1}{z_2}=\arg z_1-\arg z_2\quad$ (2π の整数倍を除いて)
一般に複素数 $z_1,\ldots,z_n$ に対して

$$|\ z_1z_2\ldots z_n\ |=|z_1||z_2|\ldots|z_n|\ \text{特に}\left|z^n\right|=|z|^n$$

$$\overline{z_1+z_2+\cdots+z_n}=\overline{z_1}+\overline{z_2}+\cdots+\overline{z_n}$$

$$\arg(z_1\ldots z_n)=\sum_{j=1}^{n}\arg z_j\quad (2\pi\text{の整数倍を除いて}).\ \text{特に}\ \arg z^n=n\arg z$$

これらはつぎに述べる極形式を使うと分かります.
ここで, α が実数係数の代数方程式 $p(z) = a_n z^n + a_{n-1}z^{n-1} + \cdots + a_0 = 0$ の解, すなわち $p(\alpha) = 0$ ならば $p(\bar{\alpha}) = 0$ すなわち $\bar{\alpha}$ も解であることが分かることを注意しておきます.
(x, y) を極座標 (r, θ) で表わすと $x = r\cos\theta, \quad y = r\sin\theta$
$r = \sqrt{x^2 + y^2} = |z|$ ですので

$$z = x + iy = r\cos\theta + ir\sin\theta = r(cos\theta + i\sin\theta) = re^{i\theta}$$

と表わされます. これを極形式といいます. ここで, オイラーの公式

$$e^{i\theta} = \cos\theta + i\sin\theta$$

を使いました. オイラーの公式 $e^{i\theta} = \cos\theta + i\sin\theta$ は

$$e^x = 1 + x + \frac{x^2}{2!} + \frac{x^3}{3!} + \frac{x^4}{4!} + \cdots \quad (|x| < \infty)$$

の x に $i\theta$ を代入して (これは正当化できます)

$$\begin{aligned} e^{i\theta} &= 1 + i\theta + \frac{(i\theta)^2}{2!} + \frac{(i\theta)^3}{3!} + \frac{(i\theta)^4}{4!} + \cdots \\ &= \Big(1 - \frac{\theta^2}{2!} + \frac{\theta^4}{4!} - \cdots\Big) + i\Big(\theta - \frac{\theta^3}{3!} + \frac{\theta^5}{5!} - \cdots\Big) \\ &= \cos\theta + i\sin\theta \end{aligned}$$

となります. オイラーの公式 $e^{i\theta} = \cos\theta + i\sin\theta$ より $e^{-i\theta} = \cos\theta - i\sin\theta$
したがって

$$\cos\theta = \frac{e^{i\theta} + e^{-i\theta}}{2} \qquad \sin\theta = \frac{e^{i\theta} - e^{-i\theta}}{2i}$$

が得られます. すなわち三角関係は指数関数に含まれることになります.
三角関数の間に成り立つ関係式は指数関数の指数の法則から導かれることになります.
例えば, 三角関数の加法定理

$$\sin(\theta_1 + \theta_2) = \sin\theta_1\cos\theta_2 + \cos\theta_1\sin\theta_2$$

$$\cos(\theta_1 + \theta_2) = \cos\theta_1\cos\theta_2 - \sin\theta_1\sin\theta_2$$

は指数関数の指数法則

$$e^{i\theta_1}e^{i\theta_2} = e^{i(\theta_1+\theta_2)}$$

よりつぎのように導かれます.

$$\begin{aligned}
\text{左辺} &= (\cos\theta_1 + i\sin\theta_1)(\cos\theta_2 + i\sin\theta_2) \\
&= (\cos\theta_1\cos\theta_2 - \sin\theta_1\sin\theta_2) \\
&\quad +i(\sin\theta_1\cos\theta_2 + \cos\theta_1\sin\theta_2) \\
\text{右辺} &= \cos(\theta_1+\theta_2) + i\sin(\theta_1+\theta_2)
\end{aligned}$$

左辺の実部と右辺の実部, 左辺の虚部と右辺の虚部を等置して上式を得ます.
オイラーの公式で $\theta = \pi$ とおくと $e^{i\pi} = -1$. 変形して

$$e^{i\pi} + 1 = 0$$

この式は基本的な数 0, 1, i, π, e が一堂に会した最も美しい関係式といわれます.

7.2 複素関数

微積分では実変数の実数値関数 $y = f(x)$ を考えましたが, これから複素変数の複素数値関数 $w = f(z)$ を考えます. このとき独立変数 z の動く範囲 D を関数の定義域, 従属変数 w の動く範囲を値域といいます. 普通, 定義域は複素平面内の領域 D(連結開集合) にとります. $w = f(z)$ は

$$z = x + iy, \quad w = u + iv$$

とおくと 2 実変数の実数値関数の組

$$\begin{cases} u = u(x,y) \\ v = v(x,y) \end{cases}$$

が与えられたことと同値になります. また, 関数 $w = f(z)$ を z 平面 ((x,y) 平面) から w 平面 ((u,v) 平面) への写像とみることもできます. 例えば, $w = z^2$ によって z 平面内の円 $|z-1| = 1$ は $w = z^2$ を $z = re^{i\theta}$,$w = Re^{i\varphi}$ と極形式で考えると w 平面内の心臓形 $R = 2(1+\cos\varphi)$ に写ることが分かります.
実際, $w = z^2$ より $R = r^2, \quad \varphi = 2\theta$ また, $|z-1| = 1$ すなわち, $(z-1)(\bar{z}-1) = 1$ より $|z|^2 - (z+\bar{z}) = 0 \therefore z + \bar{z} = re^{i\theta} + re^{-i\theta} = 2rcos\theta$ よつて, $r = 2cos\theta$ したが

つて $R = 4cos^2\dfrac{\varphi}{2} = 2(1 + cos\varphi)$
多項式, 有理式などの初等関数を変数を実数から複素数に広げて実数のときと同様に定義します. このことは後にふれます.
有理関数 $a_0(z), a_1(z), \ldots, a_{n-1}(z)$ に対し w の代数方程式

$$w^n + a_{n-1}(z)w^{n-1} + \cdots + a_0(z) = 0$$

の解として定まる z の関数 (一般に多価関数) を代数関数といいます. 代数関数でない複素関数を超越関数といいます.
D で定義された関数 $w = f(z)$ が $z_0 \in D$ で連続 (continuous) とは

$$\lim_{z \to z_0} f(z) = f(z_0)$$

が成り立つときをいいます. D の各点で連続のとき D で連続といいます. ここで $z \to z_0$ とは $|z - z_0| \to 0$ のことで ϵ-δ 論法で記すと

$$\forall\epsilon > 0, \exists\delta > 0; |z - z_0| < \delta \Rightarrow |f(z) - f(z_0)| < \epsilon$$

ということになります. $z \to z_0$ とは z と z_0 の距離が 0 に近づくことで近づき方にはよらないということが重要です. $z \to z_0$ は $Re(z) \to Re(z_0)$ かつ $Im(z) \to Im(z_0)$ が成り立つことと同値です.
実関数のときと同様に連続関数の和, 差, 積, 商は連続です. ただし, 商は分母 $= 0$ となる点を除いてです.
つぎに n 乗根について述べます.
$a \neq 0$ の n 乗根すなわち $z^n = a$ を満たす z は複素数の範囲に n 個あります. これらを a の n 乗根といいます. a の n 乗根を $a^{\frac{1}{n}}$ と書きます. $a = re^{i\theta}, \quad z = Re^{i\Theta}$ と極形式で書くと $z^n = a$ は $R^n e^{in\Theta} = re^{i\theta}$ よって

$$R^n = r, \quad \Theta = \frac{\theta + 2k\pi}{n} \quad (k = 0, 1, \ldots, n-1)$$

となり

$$a^{\frac{1}{n}} = |a|^{\frac{1}{n}} e^{i\frac{\theta + 2k\pi}{n}} \quad (k = 0, 1, \ldots, n-1)$$

特に 1 の n 乗根は

$$\omega = \cos\frac{2\pi}{n} + i\sin\frac{2\pi}{n}$$

とおくと

$$1, \omega, \omega^2, \ldots, \omega^{n-1}$$

で与えられます.

指数関数の定義にはべき級数を用いる方法もありますが, ここでは実関数は既知として複素変数 $z = x + iy$ の指数関数をつぎのように定義します.

$$e^z = e^{x+iy} = e^x(\cos y + i \sin y)$$

e^z を $\exp(z)$ とも書きます.

e^z はつぎの性質をもつことが分かります.

(i) $e^{z_1+z_2} = e^{z_1}e^{z_2}$

(ii) $e^{z+2n\pi i} = e^z$ (n は整数)

(iii) $|e^{it}| = 1$ (t は実数)

(ii) から e^z は周期 $2n\pi i$ の周期関数であることが分かります. 複素変数の三角関数をオイラーの公式を頭におき, 下記のように定義します.

$$\cos z = \frac{e^{iz} + e^{-iz}}{2}$$

$$\sin z = \frac{e^{iz} - e^{-iz}}{2i}$$

$$\tan z = \frac{\sin z}{\cos z}$$

z が実数のときは実変数の三角関数と一致しています.

例えば

$$\cos i = \frac{e^{i^2} + e^{-i^2}}{2} = \frac{1}{2}(\frac{1}{e} + e)$$

$\cos i$ は実数です.

対数関数の定義は積分を用いる方法もありますが, ここでは次のように定義します. すなわち, 複素変数の対数関数 $w = \log z$ は実関数のときと同様に指数関数の逆関数としてつぎで定義します.

$$w = \log z \Leftrightarrow z = e^w$$

$z = re^{i\theta}$, $w = u + iv$ とおくと $z = e^w$ は $re^{i\theta} = e^u \cdot e^{iv}$ $\therefore r = e^u$, $v = \theta + 2n\pi$ (n は整数) $\therefore u = \log r$, $v = \theta + 2n\pi$ ($n \in \mathbb{Z}$) ここで $\log r$ は実数の対数です. まとめると $|z| = r$, $\arg z$=θ として $z = r(\cos\theta + i \sin\theta)$, $r \neq 0$ のとき

$$\log z = \log r + i(\theta + 2n\pi) \quad n \in \mathbb{Z}$$

z の偏角 θ のとり方は 2π の整数倍の自由度がありますが, 偏角の主値すなわち θ を $0 \leqq \theta < 2\pi$ にとるとき $Logz = \log r + i\theta$ と書いて $\log z$ の主値といいます. 例えば

$$\log i = \log|i| + i(\frac{\pi}{2} + 2n\pi) = i(\frac{\pi}{2} + 2n\pi) = i(\frac{1}{2} + 2n)\pi$$

$Logi = \frac{\pi}{2}i, \quad \log(-1) = \log 1 + i(\pi + 2n\pi) = i(2n+1)\pi, \quad Log(-1) = i\pi.$
z を複素変数, α を複素定数とするとき

$$z^{\alpha} = e^{\alpha \log z}$$

と定義します. $\log z$ は無限多価関数なので一般に z^{α} は多価関数です. α が整数のときは 1 価関数, α が有理数 $\frac{p}{q}$ (q> 0) のときは q 価関数, それ以外のときが多価関数となることが示せます.
例えば $z^{\frac{1}{2}} = \sqrt{z}$ は $\mathbb{C}$(複素平面) 上 2 価関数ですが, リーマン面 (2 葉の) 上 1 価関数となることがわかるのですがこれ以上ふれません.
例えば i^i は実数です. 実際,

$$i^i = e^{i \log i} = e^{i^2(\frac{1}{2}+2n)\pi} = e^{-(\frac{1}{2}+2n)\pi} \in \mathbb{R} \quad (n \in \mathbb{Z})$$

逆三角関数も実関数のときと同様に三角関数の逆関数としてつぎのように定義します.

$$w = \sin^{-1} z \Leftrightarrow z = \sin w$$

$$w = \cos^{-1} z \Leftrightarrow z = \cos w$$

$$w = \tan^{-1} z \Leftrightarrow z = \tan w$$

$w = \cos^{-1} z$ はつぎのように

$$w = \cos^{-1} z = \frac{1}{i}\log(z + \sqrt{z^2 - 1})$$

と対数関数で表わされます. 三角関数が指数関数で表わされるのですから, 逆三角関数が指数関数の逆関数である対数関数で表わされるのは理にかなっています. これを示します. $w = \cos^{-1} z$ より

$$\cos w = z = \frac{1}{2}(e^{iw} + e^{-iw})$$

$$e^{iw} - 2z + e^{-iw} = 0$$

$$e^{2iw} - 2ze^{iw} + 1 = 0$$

$t = e^{iw}$ とおくと

$$t^2 - 2zt + 1 = 0$$

$$t = z + \sqrt{z^2 - 1}$$

$$e^{iw} = z + \sqrt{z^2 - 1}$$

$$iw = \log(z + \sqrt{z^2 - 1})$$

ゆえに

$$w = \frac{1}{i} \log(z + \sqrt{z^2 - 1})$$

7.3 正則関数

D で定義された関数 $w = f(z)$ が $z_0 \in D$ で（複素）微分可能であるとは

$$f'(z_0) = \lim_{z \to z_0} \frac{f(z) - f(z_0)}{z - z_0}$$

が存在する (有限確定) ことをいいます. $h = z - z_0$ とおけば

$$f'(z_0) = \lim_{h \to 0} \frac{f(z_0 + h) - f(z_0)}{h}$$

が存在することと同値です. $f(z)$ が D の各点 z で微分可能のとき D で正則といいます. このとき $f'(z)$ は D 上の関数と考えられますので $f'(z)$ を $f(z)$ の導関数といいます. $f'(z)$ を求めることを $f(z)$ を微分するといいます. これは微積分のときと同じです. 注意すべきことは $z \to z_0$ は $|z - z_0| \to 0$ のことで近づき方によらず $f'(z_0)$ がただ 1 つ有限値として決まることが複素微分可能の意味です. 以下のように微積分のときと同様のことが成り立ちます.

$f(z), g(z)$ が D で正則ならば和, 差, 積, 商も D で正則になります. ただし商は分母 $= 0$ なる点を除いてです.

$$(f(z) + g(z))' = f'(z) + g'(z)$$

$$(kf(z))' = kf'(z) \quad (k \text{ は定数})$$

$$(f(z)g(z)' = f'(z)g(z) + f(z)g'(z)$$

$$\left(\frac{f(z)}{g(z)}\right)' = \frac{f'(z)g(z) - f(z)g'(z)}{g(z)^2} \quad (g(z) = 0 \text{ なる点は除く})$$

また, 合成関数の微分法はつぎのようになります.

$w = f(z), \quad \eta = g(w)$ が正則のとき, 合成関数 $\eta = g(f(z))$ は正則であり,

$$\frac{d\eta}{dz} = \frac{d\eta}{dw} \cdot \frac{dw}{dz}$$

記法を変えれば

$$(g(f(z)))' = g'(w)f'(z) = g'(f(z))f'(z)$$

が成り立ちます.

正則関数は連続関数であることも分ります.

つぎに関数 $w = f(z)$ が正則になるための必要十分条件を述べます.

$z = x + iy, \quad w = u + iv$ とすると $u = u(x, y), \quad v = v(x, y)$ ですので $h = \xi + i\eta$.

$\xi, \eta \in \mathbb{R}$ として

$$\begin{aligned}
f'(z) &= \lim_{h \to 0} \frac{f(z + h) - f(z)}{h} \\
&= \lim_{\xi, \eta \to 0} \frac{u(x + \xi, y + \eta) + iv(x + \xi, y + \eta) - (u(x, y) + iv(x, y))}{\xi + i\eta} \\
&= \lim_{\xi, \eta \to 0} \frac{u(x + \xi, y + \eta) - u(x, y) + i(v(x + \xi, y + \eta) - v(x, y))}{\xi + i\eta}
\end{aligned}$$

ここで $\eta = 0$ として, すなわち x 軸に平行に $\xi \to 0$ とすると

$$f'(z) = u_x(x, y) + iv_x(x, y)$$

$\xi = 0$ として, すなわち y 軸に平行に $\eta \to 0$ とすると

$$f'(z) = \frac{1}{i}(u_y(x, y) + iv_y(x, y))$$

$h \to 0$ の近づき方によらず唯一つ $f'(z)$ が存在するのですから,

$$\begin{cases} u_x(x, y) = v_y(x, y) \\ u_y(x, y) = -v_x(x, y) \end{cases}$$

が得られます. 逆に $u_x(x, y) = v_y(x, y)$, $u_y(x, y) = -v_x(x, y)$ ならば $f'(z)$ が存在して

$$f'(z) = u_x + iv_x = \frac{1}{i}(u_y + iv_y)$$

となることが分かります. この証明はしません. $u_x = v_y$, $u_y = -v_x$ はコーシー・リーマンの方程式 (関係式) といわれます. 記法を変えて

$$\begin{cases} \dfrac{\partial u}{\partial x} = \dfrac{\partial v}{\partial y} \\ \dfrac{\partial u}{\partial y} = -\dfrac{\partial v}{\partial x} \end{cases}$$

すなわち, 正則関数の実部, 虚部はかってではなく, コーシー・リーマンの関係式を満たすという制限を受けます. コーシー・リーマンの関係式の別の表現について述べます.

$z = x + iy$ に対し $\bar{z} = x - iy$ (z の共役) よって

$$x = \frac{z + \bar{z}}{2} \qquad y = \frac{z - \bar{z}}{2i}$$

関数 $f(z)$ は実 2 変数 x, y の関数ですが, 上式より z と $\bar{z}$ の関数とみることもできます. そこで

$$\frac{\partial f}{\partial z} = \frac{\partial f}{\partial x}\frac{\partial x}{\partial z} + \frac{\partial f \partial y}{\partial y \partial z} = \frac{\partial f}{\partial x}\frac{1}{2} + \frac{\partial f}{\partial y}\frac{1}{2i} = \frac{1}{2}\Big(\frac{\partial}{\partial x} - i\frac{\partial}{\partial y}\Big)f$$

同様に

$$\frac{\partial f}{\partial \bar{z}} = \frac{1}{2}\Big(\frac{\partial f}{\partial x} - \frac{1}{i}\frac{\partial f}{\partial y}\Big) = \frac{1}{2}\Big(\frac{\partial}{\partial x} + i\frac{\partial}{\partial y}\Big)f$$

すると, コーシー・リーマンの関係式は関数 $f(z)$ を z と $\bar{z}$ の関数とみて

$$\frac{\partial f}{\partial \bar{z}} = 0$$

と同値になります.

例えば $z = x + iy$ として関数 $f(z) = x^2 - y^2 + 2ixy$ は $u = x^2 - y^2$, $v = 2xy$ ですので $u_x = 2x$, $u_y = -2y$, $v_x = 2y$, $v_y = 2x$ でコーシー・リーマンの関係式 $u_x = v_y, u_y = -v_x$ が成り立ち, 正則です. 上の $f(z) = x^2 - y^2 + 2ixy$ は $f(z) = z^2$ ですので $\dfrac{\partial f}{\partial \bar{z}} = 0$ からも正則であることが分かります.

一方, $f(z) = \sqrt{x^2 + y^2}$ は $f(z) = |z| = \sqrt{z\bar{z}}$ とも書け, コーシー・リーマンの関係式が成り立ちませんので正則ではありません.

例えば e^z, $\sin z$, $\cos z$ は $\mathbb{C}$ で正則で

$$(e^z)' = e^z, \quad (\sin z)' = \cos z, \quad (\cos z)' = -\sin z$$

であることが分かります.
$f(z)$ が D で正則のとき, つぎのそれぞれは同値になることがコーシー・リーマンの関係式から分かります.
$f(z)$ が定数. $Ref(z)$ が定数. $Imf(z)$ が定数. $f'(z)=0$. $|f(z)|$ が定数
$f(z)=u(x,y)+iv(x,y)$ が正則で u,v が C^2 級 (連続な 2 階偏導関数をもつ) ならば

$$\frac{\partial^2 u}{\partial x^2}+\frac{\partial^2 u}{\partial y^2}=0, \quad \frac{\partial^2 v}{\partial x^2}+\frac{\partial^2 v}{\partial y^2}=0$$

が成り立ちます.
演算子

$$\Delta=\frac{\partial^2}{\partial x^2}+\frac{\partial^2}{\partial y^2}$$

をラプラシアンといいますが, この記号を使うと上式は $\Delta u=0, \quad \Delta v=0$ ということです.
一般に $\Delta f=0$ なる f を調和関数 (harmonic function) といいますが, 上に述べたことは正則関数の実部, 虚部は調和関数であるということです. 逆に調和関数はある正則関数の実部 (虚部) になり得るでしょうか. 一般には成り立ちません. 定義域が単連結 (後に定義します) なら成り立ちます. したがって局所的にはどんな領域でも成り立つということになります. 局所的とは各点の近傍 (単連結にとれる) で成り立つという意味です. 局所的 (近傍で), 大域的 (全体で) との違いが数学のいろんな場面で重要であることを注意しておきます.
また, 先と同じ条件のもとで

$$\Big(\frac{\partial^2}{\partial x^2}+\frac{\partial^2}{\partial y^2}\Big)|f(z)|^2=4|f'(z)|^2$$

が成り立つことも分ります. ラプラシアン

$$\Delta=\frac{\partial^2}{\partial x^2}+\frac{\partial^2}{\partial y^2}$$

は $z=x+iy, \quad \bar{z}=x-iy$ より

$$\frac{\partial}{\partial z}=\frac{1}{2}\Big(\frac{\partial}{\partial x}-i\frac{\partial}{\partial y}\Big)$$

$$\frac{\partial}{\partial \bar{z}}=\frac{1}{2}\Big(\frac{\partial}{\partial x}+i\frac{\partial}{\partial y}\Big)$$

なので

$$\Delta = \frac{\partial^2}{\partial x^2} + \frac{\partial^2}{\partial y^2} = 4\frac{\partial}{\partial z}\frac{\partial}{\partial \bar{z}} = 4\frac{\partial^2}{\partial z \partial \bar{z}}$$

と書けることに注意します.

7.4 複素積分

つぎに複素 (線) 積分について述べます. まず複素平面内の連続曲線 C を

$$C : z = z(t) = x(t) + iy(t) \quad (\alpha \leqq t \leqq \beta)$$

と表わします. $x = x(t), \quad y = y(t) \quad (\alpha \leqq t \leqq \beta)$ と同値で, いわゆる曲線のパラメータ表示です. 曲線 $C : z = z(t) = x(t) + iy(t) \quad (\alpha \leqq t \leqq \beta)$ に対して曲線 C の長さ $L(C)$ をつぎで定義します.

区間 $[\alpha, \beta]$ の分割 Δ を $\alpha = t_0 < t_1 < \cdots < t_n = \beta$ とおく $z_j = z(t_j)$ として曲線上の分点 $z_j \quad (j = 0, 1, \ldots n)$ を結んだ折線の長さの極限すなわち

$$L(C) = \lim_{\delta \to 0} \sum_{j=1}^{n} |z_j - z_{j-1}| \quad ここで \quad \delta = \max_{1 \leqq j \leqq n} |t_j - t_{j-1}|$$

を曲線 C の長さと定義します.

$L(C) < \infty$ すなわち有限の長さをもつ曲線を以後考えます.

$C : z = z(t) = x(t) + iy(t)$ $(\alpha \leqq t \leqq \beta)$ がなめらかな曲線 (smooth curve) とは $x'(t)$, $y'(t)$ が連続で $z'(t) \neq 0 \quad (x'(t)^2 + y'(t)^2 \neq 0)$ なるときをいい, 連結した有限個のなめらかな曲線をつないだ曲線を区分的になめらかな曲線といいます.

なめらかな曲線 C の長さ $L(C)$ は

$$L(C) = \int_\alpha^\beta \sqrt{\left(\frac{dx}{dt}\right)^2 + \left(\frac{dy}{dt}\right)^2} dt = \int_\alpha^\beta |z'(t)| dt$$

で表わせることは微積分で学んだ通りです.

さて, $f(z)$ を曲線 $C : z = z(t) = x(t) + iy(t) \quad (\alpha \leqq t \leqq \beta)$ 上の複素関数とします. 区間 $[\alpha, \beta]$ の分割を $\Delta : \alpha = t_0 < t_1 < \cdots < t_n = \beta$ とし, $z_j = z(t_j)$ $(j = 0, 1, \ldots n)$ とおき, $t_{j-1} \leqq \tau_j \leqq t_j$ なる τ_j を任意にとり $\zeta_j = z(\tau_j)$ とおき, 有限和

$$S_\Delta = \sum_{j=1}^{n} f(\zeta_j)(z_j - z_{j-1})$$

を考え, 分割 Δ を細かくして $\delta \to 0$ とするとき S_Δ の極限値が存在すれば $f(z)$ は C 上で積分可能といい, その極限値を $\displaystyle\int_C f(z)dz$ と書き, $f(z)$ の曲線 C に沿う複素(線) 積分といいます. すなわち

$$\int_C f(z)dz = \lim_{\delta \to 0} \sum_{j=1}^{n} f(\zeta_j)(z_j - z_{j-1})$$

S_Δ は $\displaystyle\int_\Delta f(z)dz$ の近似和といわれます.
関数 $f(z)$ が曲線 C 上で連続ならば積分可能で

$$\int_C f(z)dz = \int_\alpha^\beta f(z(t))z'(t)dt$$

が成り立ちます.
複素平面上に点 A から点 B に向かう曲線 C があるとき, 逆に B から A に向かう曲線を $-C$ と表わします.
曲線 C を 2 つの曲線 C_1 と C_2 に分けたとき $C = C_1 + C_2$ と表わします.
式で表わせば $C : z = z(t) \quad (\alpha \leqq t \leqq \beta)$ のとき

$$-C : z = z(\alpha + \beta - t) \quad (\alpha \leqq t \leqq \beta)$$

$$C_1 : z = z(t) \quad (\alpha \leqq t \leqq \gamma) \quad C_2 : z = z(t) \quad (\gamma \leqq t \leqq \beta) \text{ のとき}$$

$$C = C_1 + C_2 : z = z(t) \quad \alpha \leqq t \leqq \beta$$

複素線積分はつぎの性質をもちます。

$$\int_C (f(z) + g(z))dz = \int_C f(z)dz + \int_C g(z)dz$$

$$\int_C kf(z)dz = k\int_C f(z)dz \quad (k \text{ は定数})$$

$$\int_{C_1+C_2} f(z)dz = \int_{C_1} f(z)dz + \int_{C_2} f(z)dz$$

$$\int_{-C} f(z)dz = -\int_C f(z)dz$$

$$\left|\int_C f(z)dz\right| \leqq \int_C |f(z)||dz| \leqq ML(C)$$

ここで $|f(z)| \leqq M$.　$L(C)$ は曲線 C の長さとする
例.

$$\int_C (\bar{z} - 1)dz$$

を求めます. ここで, 曲線 C は

$$C : z = z(t) = t + it \quad (0 \leqq t \leqq 1)$$

$z'(t) = 1 + i, \quad \bar{z} = t - it$ なので

$$\int_C (\bar{z} - 1)dz = \int_0^1 (t - 1 - it)(1 + i)dt = \int_0^1 (2t - 1 - i)dt = [t^2 - t - it]_0^1 = -i$$

例. C を原点中心, 半径 r の円 $|z| = r$ とし, 向きは内部を左手にみる方向とします. このとき

$$\int_C \frac{1}{z}dz = 2\pi i$$

が成り立ちます. なぜなら $C : z = re^{it} \quad (0 \leqq t \leqq 2\pi)$ で $dz = ire^{it}dt$

$$\int_C \frac{1}{z}dz = \int_0^{2\pi} \frac{ire^{it}}{re^{it}}dt = \int_0^{2\pi} idt = 2\pi i$$

C は例と同じ円 $|z| = r$ とすると $m \neq -1$ なら

$$\int_C z^m dz = 0$$

となります. なぜなら

$$\int_0^{2\pi} r^m e^{imt} ire^{it}dt = ir^{m+1}\int_0^{2\pi} e^{i(m+1)t}dt = r^{m+1}\left[\frac{e^{i(m+1)t}}{m+1}\right]_0^{2\pi} = 0$$

C が中心 a, 半径 r の円 $|z - a| = r$ のときは上と同様にして

$$\int_C (z - a)^m dz = \begin{cases} 2\pi i & (m = -1) \\ 0 & (m \neq -1) \end{cases}$$

が示されます.(円周積分といいます.) これは後で用いる重要な結果です.

$f(z)$ を領域 D 上の複素関数とします. D 上の正則関数 $F(z)$ で $F'(z) = f(z)$ なる $F(z)$ を $f(z)$ の原始関数といいます. D 上の $f(z)$ が D 上の原始関数 $F(z)$ をもつときは D 内の曲線 $C : z = z(t) \quad (\alpha \leqq t \leqq \beta)$ に対して

$$\int_C f(z)dz = \Big[F(z)\Big]_{z(\alpha)}^{z(\beta)} = F(z(\beta)) - F(z(\alpha)) = F(\text{終点}) - F(\text{始点})$$

が成り立ちます. 特に, C が閉曲線すなわち $z(\alpha) = z(\beta)$ のとき

$$\int_C f(z)dz = 0$$

となります. $f(z)$ が原始関数をもつときは積分は曲線の始点と終点のみで決まるということです. このときは $\int_C f(z)dz$ を積分の路によらないので $\int_{z(\alpha)}^{z(\beta)} f(z)dz$ と表わしてよいことになります.
例えば, C を $-i$ と i を結ぶ任意の曲線とし,

$$\int_C z^2 dz$$

を求めると, $(\frac{1}{3}z^3)' = z^2$ なので z^2 は原始関数 $\frac{1}{3}z^3$ をもちますので

$$\int_C z^2 dz = \int_{-i}^{i} z^2 dz = \left[\frac{1}{3}z^3\right]_{-i}^{i} = -\frac{2}{3}i$$

となります.
コーシーの積分定理といわれる最も重要な定理をこれから述べます. コーシーの積分定理にはいろいろな述べ方がありますが, ここでは条件を強くした形で述べます. すなわち
「単純閉曲線 C で囲まれた領域を D とし, $f(z)$ が $\bar{D} = D \cup C$ 上正則ならば $\int_C f(z)dz = 0$ が成り立つ.」
ここで, 単純閉曲線 (ジョルダン閉曲線) とは閉曲線で始点=終点以外は自分自身と交わらない曲線のことです. 円 (円周) と同相な曲線といってよい曲線のことです. 証明にはいろいろな方法がありますが, ここではグリーンの定理を使います. 本来は D を多角形, そして三角形で近似して閉三角形の周を C として $\int_C f(z)dz = 0$ を証明すればよいのですが, 準備が要りますのでここではこの方法はとりません. まず, グリーンの定理は
「D を単純閉曲線 C で囲まれた領域とし, $P = P(x, y)$, $Q = Q(x, y)$ を $\overline{D} = D \cup C$ 上の C^1 級の実関数とする. このとき

$$\int_C (Pdx + Qdy) = \int\int_D (-P_y + Q_x)dxdy$$

が成り立つ」というものです. この証明もここではふれません. このグリーンの定理より, $z = x + iy$ として $f(z) = u(x, y) + iv(x, y)$ が D で正則ならばコーシー・リー

マンの関係式　$u_x = v_y, \quad u_y = -v_x$ より

$$\begin{aligned}\int_C f(z)dz &= \int_C (u+iv)(dx+idy) = \int_C (udx - vdy) + i\int_C (vdx+udy)\\ &= \int\int_D (-u_y - v_x)dxdy + i\int\int_D (-v_y + u_x)dxdy\\ &= \int\int_D 0dxdy + i\int\int_D 0dxdy = 0\end{aligned}$$

となり結論を得ます.

領域 D 内の任意の単純閉曲線の内部がつねに D に含まれるとき D を単連結領域といいます. もっと厳密な言い方をすればその基本群が自明群である領域を単連結領域といいます.

関数 $f(z)$ が単連結領域 D で正則ならば D 内の任意の 2 点 z_1, z_2 を結ぶ D 内の任意の曲線 C_1, C_2 に対して

$$\int_{C_1} f(z)dz = \int_{C_2} f(z)dz$$

が成り立ちます. すなわち点 z_1 から点 z_2 へ至る道によらないということです. なぜなら C_1, C_2 が途中で交わらないとき $C_1 - C_2$ は D 内の単純閉曲線なのでコーシーの積分定理より $\int_{C_1 - C_2} f(z)dz = 0$. したがって $\int_{C_1} f(z)dz = \int_{C_2} f(z)dz$.

C_1, C_2 が途中で交わるときは $C_1 - C_2$ はいくつかの単純閉曲線の和として表わされるので同様に示せます.

「単純閉曲線 C_0 で囲まれた領域の中に互いに他に含まれず, 互いに交わらない閉曲線 $C_1, \ldots, C_n$ があり, それ等で囲まれた領域を D とします. 関数 $f(z)$ が $\overline{D} = D \cup C_0 \cup \cdots \cup C_n$ 上で正則ならば

$$\int_{C_0} f(z)dz = \sum_{j=1}^{n} \int_{C_j} f(z)dz$$

が成り立つ.」

なぜなら, まず $n = 1$ のとき C_0 上に点 A を C_1 上に点 B をとり,A と B を結んで線分 $\overline{AB}$ に沿って切り離し, 単連結領域 D_0 をつくると D_0 の境界 $\partial D_0 = C_0 + \overline{AB} + (-C_1) + (-\overline{AB})$ は単純閉曲線なのでコーシーの積分定理より $\int_{\partial D_0} f(z)dz = 0$ また, $\int_{AB+(-AB)} f(z)dz = 0$ ですので $\int_{C_0 - C_1} f(z)dz$ となり, $\int_{C_0} f(z)dz = \int_{C_1} f(z)dz$.

一般の場合も $n = 1$ のときと同様に曲線 C_0 上に点 $A_1, \ldots, A_n$ をとり, 曲線 C_1 上に

点 $B_1, \ldots$, 曲線 C_n 上に点 B_n をとり A_1 と B_1 を結ぶ線分 $\overline{A_1B_1}, \ldots, A_n$ と B_n を結ぶ線分 $\overline{A_nB_n}$ に沿って切り離し, 単連結領域 D_0 をつくると D_0 の境界 $\partial D_0 = C_0 + \overline{A_1B_1} - C_1 + (-\overline{A_1B_1}) + \cdots + \overline{A_nB_n} - C_n + (-\overline{A_nB_n})$ は単純閉曲線なので, コーシーの積分定理より $\displaystyle\int_{\partial D_0} f(z)dz = 0$ また, $\displaystyle\int_{\overline{A_jB_j}+(-\overline{A_jB_j})} f(z)dz = 0 \quad (j = 1, \ldots, n)$

よって $\displaystyle\int_{C_0 - C_1 - \cdots - C_n} f(z)dz = 0$. したがって $\displaystyle\int_{C_0} f(z)dz = \sum_{j=1}^{n} \int_{C_j} f(z)dz$.

コーシーの積分定理からいろいろなことが分かりますが, つぎのコーシーの積分表示式 (公式)(コーシーの積分公式) が最も重要です.

すなわち,「単純閉曲線 C で囲まれた領域を D とし, 関数 $f(z)$ は $\overline{D} = D \cup C$ で正則とする. このとき D 内の任意の点 z_0 に対して

$$f(z_0) = \frac{1}{2\pi i} \int_C \frac{f(z)}{z - z_0} dz$$

が成り立つ.」すなわち領域の内部の各点での正則関数 $f(z)$ の値は境界の値で決まるということです. これは重要な定理ですので証明をします. まず, z_0 中心, 半径 r の円 C_r が D 内に含まれるような $0 < r < dist(z_0, C)$ なる r をとります. すると先に述べたことから

$$\int_C \frac{f(z)}{z - z_0} dz = \int_{C_r} \frac{f(z)}{z - z_0} dz$$

$f(z) = f(z_0) + f(z) - f(z_0)$ と変形して

$$\int_C \frac{f(z)}{z - z_0} dz = \int_{C_r} \frac{f(z_0)}{z - z_0} dz + \int_{C_r} \frac{f(z) - f(z_0)}{z - z_0} dz$$

右辺の第 1 項は

$$f(z_0) \int_{C_r} \frac{1}{z - z_0} dz = f(z_0) 2\pi i$$

右辺の第 2 項は $z - z_0 = re^{i\theta} \quad (0 \leqq \theta \leqq 2\pi)$ とおくと

$$\begin{aligned}\int_{C_r} \frac{f(z) - f(z_0)}{z - z_0} dz &= \int_0^{2\pi} \frac{f(z_0 + re^{i\theta}) - f(z_0)}{re^{i\theta}} ire^{i\theta} d\theta \\ &= i \int_0^{2\pi} \big(f(z_0 + re^{i\theta}) - f(z_0)\big) d\theta\end{aligned}$$

ここで $r \to 0$ とすると第 2 項は 0 に近づきます. したがって

$$\int_C \frac{f(z)}{z - z_0} dz = 2\pi i f(z_0)$$

よって
$$f(z_0) = \frac{1}{2\pi i}\int_C \frac{f(z)}{z-z_0}dz$$
文字を変えて, 関数 $f(z)$ が $\overline{D} = D \cup C$ で正則ならば D の任意の点 z に対して
$$f(z) = \frac{1}{2\pi i}\int_C \frac{f(\zeta)}{\zeta - z}d\zeta$$
と表わすことが多いです.
コーシーの積分表示式はつぎのようにも述べられます.
D を複素平面 $\mathbb{C}$ 内の領域とする. $f(z)$ が $\overline{D} = D \cup \partial D$ で正則ならば任意の点 $z_0 \in D$ に対して
$$f(z_0) = \frac{1}{2\pi i}\int_{\partial D} \frac{f(z)}{z-z_0}dz$$
が成り立つ. ここで, D の境界 ∂D の向きは領域 D を進行方向に向かって左手に見る方向とします. この場合領域に制限がついていません。
例. C を原点中心, 半径 2 の円とし,
$$I = \int_C \frac{z^2}{z-i}dz$$
を求めると, $f(z) = z^2$, i は C 内にあるので
$$I = 2\pi i f(i) = 2\pi i \cdot i^2 = -2\pi i$$
となります.
C は同じで
$$I = \int_C \frac{e^z}{z^2+2z-3}dz$$
を求めると, $I = \displaystyle\int_C \frac{e^z}{(z-1)(z+3)}dz$ で $f(z) = \dfrac{e^z}{z+3}$ は C の内部で正則, 点 1 は C の内部にあるのでコーシーの積分公式より
$$I = 2\pi i f(1) = 2\pi i \cdot \frac{e}{4} = \frac{\pi e}{2}i$$
ここで実関数との違いについて述べます. 実関数は 1 回微分可能でも何回も微分可能とは限りません. $f'(x)$ が連続にすらならないことが起こります. しかし複素関数は 1 回微分可能すなわち正則ならば何回でも微分可能になります. すなわち, つぎが成り

立ちます.「単純閉曲線 C で囲まれた領域を D とする. 関数 $f(z)$ が $\overline{D} = D \cup C$ で正則ならば任意の $z \in D$ に対して何回でも微分可能で

$$f^{(n)}(z) = \frac{n!}{2\pi i}\int_C \frac{f(\zeta)}{(\zeta - z)^{n+1}}d\zeta \quad (n = 0, 1, 2, \ldots)$$

が成りたつ.」

$n = 0$ のときがコーシーの積分表示式です. 従って上式は n 次導関数の積分表示式とみなせます.

$n = 1$ のときを示します. Δz を $z + \Delta z \in D$ なるようにとり, コーシーの積分表示式を使うと

$$\begin{aligned}\frac{f(z+\Delta z) - f(z)}{\Delta z} &= \frac{1}{\Delta z}\Big(\frac{1}{2\pi i}\int_C \frac{f(\zeta)}{\zeta - (z + \Delta z)}d\zeta - \frac{1}{2\pi i}\int_C \frac{f(\zeta)}{\zeta - z}d\zeta\Big) \\ &= \frac{1}{\Delta z}\frac{1}{2\pi i}\int_C \frac{f(\zeta)\Delta z}{(\zeta - (z + \Delta z))(\zeta - z)}d\zeta\end{aligned}$$

$\Delta z \to 0$ とすると

$$f'(z) = \lim_{\Delta z \to 0}\frac{f(z+\Delta z) - f(z)}{\Delta z} = \frac{1}{2\pi i}\int_C \frac{f(\zeta)}{(\zeta - z)^2}d\zeta$$

$n \geqq 2$ の場合には数学的帰納法で証明されます. $f(z)$ が正則ならば $f'(z)$ も正則. したがって連続となります. この事実をグルサの定理ということがあります.

つぎにコーシーの積分定理の逆を考えます. まず, $f(z)$ が領域 D で連続で D 内の任意の閉曲線 C に対して $\displaystyle\int_C f(z)dz = 0$ ならば $f(z)$ は原始関数 $F(z)$ をもちます. 実際, D の 1 点 a を固定して a から z に向かう曲線を C_1, C_2 とすると, 仮定より $\displaystyle\int_{C_1} f(z)dz = \int_{C_2} f(z)dz$ なので, この積分は a から z に向かう積分路にはよらないことが分かります. よって $F(z) = \displaystyle\int_a^z f(z)dz$ とおくと $F'(z) = f(z)$ が示せます. さらに $F'(z)$ が存在するので $F(z)$ は正則. したがって $F'(z) = f(z)$ も正則です. すなわちコーシーの積分定理の逆は成り立ちます.

まとめると

「$f(z)$ が領域 D で連続で D 内の任意の閉曲線 C に対して $\displaystyle\int_C f(z)dz = 0$ ならば $f(z)$ は D で正則である.」

このことはモレラの定理といわれます.

つぎはコーシーの評価式といわれる定理です.

円 $C : |z-a| = r$ の内部を D とし $f(z)$ は $\overline{D} = D \cup C$ で正則で C 上 $|f(z)| \leqq M$ とする. このとき

$$|f^{(n)}(a)| \leqq \frac{n!M}{r^n} \qquad (n = 0, 1, 2, \dots)$$

が成り立つ.

なぜなら, 前に述べたように

$$f^{(n)}(a) = \frac{n!}{2\pi i} \int_C \frac{f(z)}{(z-a)^{n+1}} dz$$

$$\begin{aligned} |f^{(n)}(a)| &= \frac{n!}{2\pi} \left| \int_C \frac{f(z)}{(z-a)^{n+1}} dz \right| \\ &\leqq \frac{n!}{2\pi} \int_C \frac{|f(z)|}{|z-a|^{n+1}} |dz| \\ &\leqq \frac{n!}{2\pi} \frac{M}{r^{n+1}} 2\pi r \leqq \frac{n!M}{r^n} \end{aligned}$$

この評価式から「複素平面全体 $\mathbb{C}$ で正則で有界な関数は定数である.」ことが分かります. なぜなら, コーシーの評価式で $r \to \infty$ とすると $f'(a) = 0$. a は任意ですので $f(z)$ は $\mathbb{C}$ で定数です. 複素平面全体で正則な関数を整関数 (entire function) といいますが, 上記は「有界な整関数は定数に限る」ということです. これをリュービルの定理といいます. この定理からつぎの代数学の基本定理と言われる重要な定理が分かります.

「n 次代数方程式

$$a_n z^n + a_{n-1} z^{n-1} + \cdots + a_0 = 0 \quad (a_n \neq 0, n \geqq 1)$$

には複素数の範囲に必ず根 (解) が存在する.」

これを証明します. $f(z) = a_n z^n + a_{n-1} z^{n-1} + \cdots + a_0$ とおき $f(z) = 0$ が解をもたない, すなわち, どんな z に対しても $f(z) \neq 0$ として矛盾を出します. いま $\dfrac{1}{f(z)}$ を考えると, $\dfrac{1}{f(z)}$ は $\mathbb{C}$ で正則で, $|z| = r$ で $r \to \infty$ とすると $\left|\dfrac{1}{f(z)}\right| \to 0$ なので $\dfrac{1}{f(z)}$ は有界です. したがって, リュービルの定理より $\dfrac{1}{f(z)}$ は定数でなければなりませんが, 一方 $\dfrac{1}{f(z)}$ は定数ではありませんのでこれは矛盾です. したがって, ある z で $f(z) = 0$ となります. すなわち解の存在が分かりました. 解の存在が分かると n 次代

数方程式は重複度もこめて n 個の解をもつことが分かります. 代数学の基本定理はガウスが初めて証明したことで, その後いくつも証明法が知られています. 後で, その一つルーシェの定理を使う方法を述べます. 解を見つけずして, その存在を言っていることが大切です. ちなみに代数的解法 (係数の間の四則演算とべき根で解を表わす) については 2 次方程式の解の公式はよく知るところです. 3 次方程式はカルダノの解法, 4 次方程式はフェラリーの解法があります. しかし 5 次以上では代数的解法がないことがアーベル, ガロアにより分かっています.

7.5 複素数列と級数

つぎに複素数列と複素級数について述べます. 実数列の場合のように複素数列 $\{z_n\}$ が複素数 α に収束するとは n が限りなく大きくなると z_n は限りなく α に近づくことで

$$z_n \to \alpha \text{ または } \lim_{n\to\infty} z_n = \alpha$$

と書き, α を数列 $\{z_n\}$ の極限 (値) といいます. $z_n \to \alpha$ は $|z_n - \alpha| \to 0$ のことで, 実数列 $\{|z_n - \alpha|\}$ が 0 に収束するといってもいいです. ϵ-N 論法では

$$\forall\epsilon > 0, \quad \exists N; n > N \Rightarrow |z_n - \alpha| \to 0$$

と記します. 収束しない数列は発散するといいます. $z_n = x_n + iy_n, \quad \alpha = a + ib$ とすると

$$z_n \to \alpha \Leftrightarrow x_n \to a \text{ かつ } y_n \to b$$

が成り立ちます。これは不等式

$$|x_n - a| \leqq |z_n - \alpha| \leqq |x_n - a| + |y_n - b|$$

$$|y_n - b| \leqq |z_n - \alpha| \leqq |x_n - a| + |y_n - b|$$

から示せます.

実数のときと同様に, 二つの数列 $\{z_n\}, \quad \{z'_n\}$ に対して

$n \to \infty$ のとき $z_n \to \alpha, \quad z'_n \to \alpha'$ ならば

$$z_n + z'_n \to \alpha + \alpha'$$

$$kz \to k\alpha \quad (k \text{ は定数})$$

$$z_n z'_n \to \alpha\alpha'$$

$$\frac{z_n}{z'_n} \to \frac{\alpha}{\alpha'} \quad (\alpha' \neq 0)$$

数列 $\{z_n\}$ が収束するための必要十分条件は $\{z_n\}$ がコーシー列であることです. 複素数列 $\{z_n\}$ がコーシー列とは

$$\lim_{m,n\to\infty} |z_n - z_m| = 0$$

のこと, くわしくは

$$\forall\epsilon > 0, \quad \exists N; m, n > N \Rightarrow |z_n - z_m| < \epsilon$$

が成り立つことで, 一言でいえば十分先の二つの数 (点) の距離はいくらでも近くできるということです. $z_n = x_n + iy_n$ として $\{z_n\}$ がコーシー列なら実数列 $\{x_n\}, \{y_n\}$ もコーシー列で収束しますので数列 $\{z_n\}$ がコーシー列であれば数列 $\{z_n\}$ は, ある数に収束することが分かります.

複素級数 $\displaystyle\sum_{n=1}^{\infty} z_n$ が S に収束するとは $S_n = \displaystyle\sum_{j=1}^{n} z_j$ として部分和 S_n の数列 $\{S_n\}$ が S に収束することで, このとき S を $\displaystyle\sum_{n=1}^{\infty} z_n$ の和といい $\displaystyle\sum_{n=1}^{\infty} z_n = S$ と書きます. すなわち

$$\sum_{n=1}^{\infty} z_n = \lim_{n\to\infty} S_n$$

「級数 $\displaystyle\sum_{n=1}^{\infty} z_n$ が収束すれば $\displaystyle\lim_{n\to\infty} z_n = 0$」

なぜなら, $\quad z_n = S_n - S_{n-1}, (n \geqq 2)$ で $S_n \to S, \quad S_{n-1} \to S \quad (n \to \infty)$ なので $z_n \to S - S = 0$ となるからです. 対偶をとれば

「$\displaystyle\lim_{n\to\infty} z_n \neq 0$ ならば $\displaystyle\sum_{n=1}^{\infty} z_n$ は発散します.」

$\displaystyle\sum_{n=1}^{\infty} z_n$ が収束するための必要十分条件は数列 $\{S_n\}$ のコーシーの判定条件から $\displaystyle\lim_{n,m\to\infty} |S_n - S_m| = 0$. すなわち

$$\lim_{m,n\to\infty} |z_{m+1} + \cdots + z_n| = 0$$

ϵ-N 論法では

$$\forall \epsilon > 0, \quad \exists N; n > m > N \Rightarrow |z_{m+1} + \cdots + z_n| < \epsilon$$

複素級数 $\displaystyle\sum_{n=1}^{\infty} z_n$ が絶対収束するとは $\displaystyle\sum_{n=1}^{\infty} |z_n|$ が収束することと定義します.
$\displaystyle\sum_{n=1}^{\infty} |z_n|$ は実正項級数であることに注意します.

$\displaystyle\sum_{n=1}^{\infty} z_n$ が絶対収束なら $\displaystyle\sum_{n=1}^{\infty} z_n$ は収束します. なぜならコーシー判定条件

$$|z_{m+1} + \cdots + z_n| \leqq |z_{m+1}| + \ldots |z_n| \to 0 \quad (n, m \to \infty)$$

が成り立つからです. しかし逆は成り立ちません. なぜなら $z_n = (-1)^{n-1}\dfrac{1}{n}$ として

$$\sum_{n=1}^{\infty}(-1)^{n-1}\frac{1}{n} = 1 - \frac{1}{2} + \frac{1}{3} - \frac{1}{4} + \cdots$$

は実数の交代級数で収束します. この収束はライプニッツの定理によります. すなわち $a_1 - a_2 + a_3 - \cdots + (-1)^n a_n + \cdots$ は $a_1 > a_2 > \cdots > a_n > \cdots$ で $\displaystyle\lim_{n\to\infty} a_n = 0$ なら収束することによります. しかし

$$\sum_{n=1}^{\infty}\left|(-1)^{n-1}\frac{1}{n}\right| = 1 + \frac{1}{2} + \frac{1}{3} + \cdots$$

は発散するからです.

さて $\displaystyle\sum_{n=1}^{\infty} |z_n|$ は実数の正項級数ですので正項級数の収束判定法が使えてつぎが成り立ちます.

$|z_n| \leqq M_n \quad (n = 1, 2, \ldots)$ なる定数 M_n が存在して $\displaystyle\sum_{n=1}^{\infty} M_n$ が収束すれば $\displaystyle\sum_{n=1}^{\infty} z_n$ は絶対収束したがって収束する.

また
$\displaystyle\sum_{n=1}^{\infty} z_n$ に対して

$$r = \lim_{n\to\infty}\left|\frac{z_{n+1}}{z_n}\right|$$

が存在するとき $r < 1$ なら $\displaystyle\sum_{n=1}^{\infty} z_n$ は絶対収束したがって収束, $r > 1$ なら発散する.

今までは各項が複素数 z_n である場合でしたが, これから各項が同じ定義 D で定義

された関数 $f_n(z)$ である関数列 $\{f_n(z)\}$, 関数項級数 $\displaystyle\sum_{n=1}^{\infty} f_n(z)$ を考えます.
関数列 $\{f_n(z)\}$ が極限関数 $f(z)$ に (各点) 収束するとは
D の各点 z において

$$\lim_{n\to\infty} f_n(z) = f(z)$$

すなわち $\displaystyle\lim_{n\to\infty} |f_n(z) - f(z)| = 0$. ϵ-N 論法では

$$\forall\epsilon, \exists N; n > N \Rightarrow |f_n(z) - f(z)| < \epsilon$$

この N は点 z によって変わってよい, 一方この N が D のどの点 z でも同じにとれるとき, すなわち

$$\lim_{n\to\infty} \sup_{z\in D} |f_n(z) - f(z)| = 0$$

が成り立つとき関数列 $\{f_n(z)\}$ は極限関数 $f(z)$ に D で一様収束 (uniformly convergent) するといいます. また D 内の任意のコンパクト集合 (有界閉集合) 上で一様収束するとき, D で広義 (コンパクト) 一様収束するといいます. 各点収束より一様収束の方が大切なのはつぎのことからも分かります.
D で連続な関数列 $\{f_n(z)\}$ が D で一様収束すれば極限関数 $f(z)$ も D で連続です.
また, このとき D 内の長さ有限な任意の曲線 C に対して

$$\lim_{n\to\infty} \int_C f_n(z)dz = \int_C f(z)dz = \int_C \lim_{n\to\infty} f_n(z)dz$$

すなわち, lim と $\int$ を入れかえてよいということです. これらのことは各点収束では成り立ちません.
さて D で定義された関数項級数 $\displaystyle\sum_{n=1}^{\infty} f_n(z)$ については部分和 $S_n(z) = \displaystyle\sum_{j=1}^{n} f_j(z)$ のつくる関数列 $\{S_n(z)\}$ の各点収束, 一様収束を関数項級数 $\displaystyle\sum_{n=1}^{\infty} f_n(z)$ の各点収束, 一様収束と定めます. すなわち

$$\sum_{n=1}^{\infty} f_n(z) = S(z) \Leftrightarrow \lim_{n\to\infty} S_n(z) = S(z)$$

すると, D 上で連続な関数を $f_n(z)$ として $\sum_{n=1}^{\infty} f_n(z)$ が $S(z)$ に一様収束すれば $S(z)$ は連続ですし,

$$\int_C \sum_{n=1}^{\infty} f_n(z)dz = \int_C S(z)dz = \sum_{n=1}^{\infty} \int_C f_n(z)dz$$

が成り立ちます. 一様収束を判定するつぎのワイエルストラスの M(優級数) 判定法といわれる定理は重要です.

「D での関数項級数 $\sum_{n=1}^{\infty} f_n(z)$ について D 上で $|f_n(z)| \leqq M_n \quad (n = 1, 2, \ldots)$ なる定数 M_n が存在して, 正項級数 $\sum_{n=1}^{\infty} M_n$ が収束すれば $\sum_{n=1}^{\infty} f_n(z)$ は D 上で絶対一様収束する.」

$\sum_{n=1}^{\infty} M_n$ を優級数といいます. $\sum_{n=1}^{\infty} f_n(z)$ の一様収束をいうとき, この優級数をいかに選ぶかが大切です.

「$f_n(z)$ を D 上の正則関数とし $\{f_n(z)\}$ が D 上 $f(z)$ に一様収束すれば $f(z)$ も D で正則になる.」

なぜなら, D 内の任意の長さ有限の閉曲線 C に対してコーシーの積分定理より $\int_C f_n(z)dz = 0$. よつて

$$\int_C f(z)dz = \int_C \lim_{n\to\infty} f_n(z)dz = \lim_{n\to\infty} \int_C f_n(z)dz = 0$$

したがって, モレラの定理より $f(z)$ は D で正則になります.

関数項級数で重要なのはつぎのべき級数といわれるものです.

$$\sum_{n=0}^{\infty} c_n(z-a)^n = c_0 + c_1(z-a) + c_2(z-a)^2 + \cdots + c_n(z-a)^n + \cdots$$

を a 中心のべき級数といいます. $z - a = \tilde{z}$ とおくと $\sum_{n=0}^{\infty} c_n\tilde{z}^n$ と原点中心のべき級数が得られるので, 文字を改めて書きかえて $\sum_{n=0}^{\infty} c_n z^n$ なるべき級数を考えます. べき級数は有限の n までの和をとれば $c_n \neq 0$ として n 次の多項式です. すなわち $c_{n+1} = c_{n+2} = \cdots = 0$ なるべき級数 $\sum_{n=0}^{\infty} c_n z^n$ が n 次多項式です.

原点中心のべき級数 $\sum_{n=0}^{\infty} a_n z^n$ について考えます.

べき級数 $\sum_{n=0}^{\infty} a_n z^n$ は $z = z_0 \neq 0$ に対して数級数 $\sum_{n=0}^{\infty} a_n z_0^n$ が収束すれば任意の $0 < r < |z_0|$ に対して $|z| \leqq r$ で一様絶対収束します.

べき級数 $\sum_{n=0}^{\infty} a_n z^n$ が収束する z 全体の集合 D をべき級数の収束域といい, z が収束域 D 全体を動くときの $|z|$ の上限 R, すなわち $R = \sup_{z \in D} |z|$ を $\sum_{n=0}^{\infty} a_n z^n$ の収束半径といいます.

R をべき級数 $\sum_{n=0}^{\infty} a_n z^n$ の収束半径とする. このとき $\sum_{n=0}^{\infty} a_n z^n$ は $|z| < R$ で収束 (広義一様絶対収束), $|z| > R$ で発散します. この事実が R が収束半径といわれる理由です. $|z| = R$ を収束円といいます.

すべての $z \in \mathbb{C}$ で収束するときは $R = \infty$, 0 以外の $z \neq 0$ で収束しないとき $R = 0$ と定めると, べき級数 $\sum_{n=0}^{\infty} a_n z^n$ に収束半径がただ 1 つ定まります.

べき級数 $\sum_{n=0}^{\infty} a_n z^n$ の収束半径 R は

$$R = \lim_{n \to \infty} \left| \frac{a_n}{a_{n+1}} \right|$$

で与えられます. これは前に述べた正項級数の収束判定条件から得られます.

例えば $\sum_{n=0}^{\infty} \frac{z^n}{n!}$ の収束半径 R は

$$R = \lim_{n \to \infty} \frac{\frac{1}{n!}}{\frac{1}{(n+1)!}} = \infty$$

すなわち $\sum_{n=0}^{\infty} \frac{z^n}{n!}$ はすべての $z \in \mathbb{C}$ で収束します. この和が正則関数 e^z なのです. すなわち

$$\sum_{n=0}^{\infty} \frac{z^n}{n!} = e^z$$

$\sum_{n=0}^{\infty} a_n z^n$ を収束半径 $R(\neq 0)$ のべき級数とします. このとき $|z| < R$ において, この級数は収束して z の関数ですので $f(z) = \sum_{n=0}^{\infty} a_n z^n$ とおくと, $f(z) = \sum_{n=0}^{\infty} a_n z^n$ は収束円の内部で正則となり, $f'(z) = \sum_{n=1}^{\infty} n a_n z^{n-1}$ が収束円の内部で成り立ちます.(項別微分が許されます.)

改めて z を $z-a$, a_n を c_n と書いて a 中心のべき級数で考えると, べき級数 $f(z) = \sum_{n=0}^{\infty} c_n (z-a)^n$ は収束円の内部 $|z-a| < R\ (\neq 0)$ で正則で項別微分可能で

$$f'(z) = \sum_{n=1}^{\infty} n c_n (z-a)^{n-1}$$

また $f(z)$ は何回でも微分可能で

$$f^{(k)}(z) = \sum_{n=k}^{\infty} n(n-1)\dots(n-k+1) c_n (z-a)^{n-k}$$

ここで　$c_n = \dfrac{f^{(n)}(a)}{n!}$. すなわち

$$f(z) = \sum_{n=0}^{\infty} \frac{f^{(n)}(a)}{n!} (z-a)^n$$

となります. また, $F(z) = \sum_{n=0}^{\infty} \dfrac{c_n}{n+1} (z-a)^{n+1}$ とおけば $F'(z) = f(z)$. すなわち $f(z) = \sum_{n=0}^{\infty} c_n (z-a)^n$ は $|z-a| < R$ で項別積分可能で原始関数 $F(z)$ をもつことが分かります.

今までは, 与えられたべき級数は収束域で正則な関数を定めたのですが, 逆に与えられた正則関数をべき級数で表わすことを考えます.

関数 $f(z)$ が領域 D で正則ならば, $f(z)$ は D 内の任意の点 a の近傍 $|z-a| < R$ で, べき級数で表わされます. すなわち

$$f(z) = \sum_{n=0}^{\infty} c_n (z-a)^n \quad (|z-a| < R)$$

ここで $R=dist(a,\partial D)=$(a と D の境界 ∂D との最短距離)
このことを示します．$0<r<R$ なる r を任意にとると $|z-a|<r$ に対してコーシーの積分表示式より

$$(*)\quad f(z)=\frac{1}{2\pi i}\int_{|\zeta-a|=r}\frac{f(\zeta)}{\zeta-z}d\zeta$$

$$\begin{aligned}\frac{1}{\zeta-z}&=\frac{1}{(\zeta-a)-(z-a)}\\&=\frac{1}{\zeta-a}\frac{1}{1-\frac{z-a}{\zeta-a}}\\&=\frac{1}{\zeta-a}\sum_{n=0}^{\infty}\left(\frac{z-a}{\zeta-a}\right)^n\\&=\sum_{n=0}^{\infty}\frac{(z-a)^n}{(\zeta-a)^{n+1}}\end{aligned}$$

ここで $\left|\dfrac{z-a}{\zeta-a}\right|<1$ なので

$$\frac{1}{1-\frac{z-a}{\zeta-a}}=\sum_{n=0}^{\infty}\left(\frac{z-a}{\zeta-a}\right)^n$$

を使いました．(*) に代入すると

$$f(z)=\frac{1}{2\pi i}\int_{|\zeta-a|=r}\sum_{n=0}^{\infty}\frac{f(\zeta)}{(\zeta-a)^{n+1}}d\zeta(z-a)^n$$

$\int$ と $\sum$ を入れかえることができて

$$f(z)=\sum_{n=0}^{\infty}\frac{1}{2\pi i}\int_{|\zeta-a|=r}\frac{f(\zeta)}{(\zeta-a)^{n+1}}d\zeta(z-a)^n=\sum_{n=0}^{\infty}c_n(z-a)^n$$

のように $0<r<R$ なる r の任意性より $|z-a|<R$ でべき級数に展開できます．ここで $c_n=\dfrac{1}{2\pi i}\displaystyle\int_{|\zeta-a|=r}\frac{f(\zeta)}{(\zeta-a)^{n+1}}d\zeta\ (n=0,1,2,\ldots)$ とおきました．文字を書き換えて

$$c_n=\frac{1}{2\pi i}\int_{|z-a|=r}\frac{f(z)}{(z-a)^{n+1}}dz$$

としてもよいです.

$f(z)=\sum_{n=0}^{\infty}c_n(z-a)^n$ を $|z-a|<R$ で n 回微分して $z=a$ とおけば

$$c_n=\frac{f^{(n)}(a)}{n!}$$

が得られます. したがって $\frac{1}{2\pi i}\int_{|z-a|=r}\frac{f(z)}{(z-a)^{n+1}}dz=\frac{f^{(n)}(a)}{n!}$ 　ゆえに

$$f^{(n)}(a)=\frac{n!}{2\pi i}\int_{|z-a|=r}\frac{f(z)}{(z-a)^{n+1}}dz$$

文字を書きかえて (a を z に z を ζ に)

$$f^{(n)}(z)=\frac{n!}{2\pi i}\int_{|\zeta-z|=r}\frac{f(\zeta)}{(\zeta-z)^{n+1}}d\zeta$$

とすることが多いです. これは前にも述べた $f(z)$ の n 次導関数の積分表示式です.

まとめると,「$f(z)$ が領域 D で正則ならば D の任意の点 a の近傍 $|z-a|<R$ で

$$f(z)=\sum_{n=0}^{\infty}\frac{f^{(n)}(a)}{n!}(z-a)^n$$

と表わされる.」ことが分かりました. 右辺をテイラー級数といい, 左辺の関数 $f(z)$ をテイラー級数で表わすことを $f(z)$ を $|z-a|<R$ において a を中心としてテイラー展開するといいます.

例えば $f(z)=\frac{1}{3-z}$ を $z=0$ 中心にテイラー展開すると

$$\begin{aligned}f(z)&=\frac{1}{3-z}\\&=\frac{1}{3(1-\frac{z}{3})}\\&=\frac{1}{3}\sum_{n=0}^{\infty}\left(\frac{z}{3}\right)^n \qquad \left(\left|\frac{z}{3}\right|<1 \text{ すなわち } |z|<3 \text{ において}\right)\end{aligned}$$

同じ $f(z)$ を $z=1$ 中心に展開すると

$$\begin{aligned}\frac{1}{3-z} &= \frac{1}{2-(z-1)} \\ &= \frac{1}{2}\frac{1}{1-\frac{z-1}{2}} \\ &= \frac{1}{2}\sum_{n=0}^{\infty}\Big(\frac{z-1}{2}\Big)^n \quad \Big(\Big|\frac{z-1}{2}\Big|<1 \quad \text{すなわち } |z-1|<2 \text{ において}\Big)\end{aligned}$$

ここで $\dfrac{1}{1-x}=1+x+x^2+\cdots \quad (|x|<1)$ を使いました.

$f(z)$ が $|z-a| \leqq R$ で正則で $f(z)=\displaystyle\sum_{n=0}^{\infty} c_n(z-a)^n$ と展開され $|f(z) \leqq M$ ならば

$$|c_n| \leqq \frac{M}{R^n} \quad (n=0,1,2,\dots)$$

実際,

$$\begin{aligned}|c_n| &= \Big|\frac{1}{2\pi i}\int_{|z-a|=R}\frac{f(z)}{(z-a)^{n+1}}dz\Big| \\ &\leqq \frac{1}{2\pi}\int_{|z-a|=R}\frac{|f(z)|}{|z-a|^{n+1}}|dz| \\ &\leqq \frac{1}{2\pi}\frac{M}{R^{n+1}}2\pi R = \frac{M}{R^n}\end{aligned}$$

また $c_n=\dfrac{f^{(n)}(a)}{n!}$ ですので

$$|f^{(n)}(a)| \leqq \frac{n!M}{R^n}$$

も成り立ちます. このことを使うと

「$f(z)$ が全複素平面 $\mathbb{C}$ で正則で有界ならば $f(z)$ は定数である」

というリュービルの定理は $|c_n| \leqq \dfrac{M}{R^n}$ より $R\to\infty$ として $c_n=0\ (n=1,2,\dots)$. ゆえに $f(z)=c_0=$ 定数 $(|z|<\infty)$ と示されます.

「$f(z)$ が領域 D で正則で, D のある 1 点 a で $f^{(n)}(a)=0\ (n=0,1,2,\dots)$ ならば D において恒等的に $f(z)\equiv 0$ が成り立つ.」

これを示します. $R=dist(a,\partial D)$ とおくと $f(z)$ は $|z-a|<R$ において

$$f(z)=f(a)+f'(a)(z-a)+\frac{f''(a)}{2!}(z-a)^2+\cdots+\frac{f^{(n)}(a)}{n!}(z-a)^n+\cdots$$

とテイラー展開できて, 仮定 $f^{(n)}(a)=0\ (n=0,1,2,\ldots)$ より $|z-a|<R$ において $f(z)\equiv 0$. $f(z)$ が D で $f(z)\equiv 0$ を云うには, D の任意の点 b をとり $f(b)=0$ を云えばよいので, a と b を D 内の折れ線 (曲線) で結び, この曲線上の $|z-a|<R$ 内で b に近い方の点 z_1 中心に $f(z)$ をテイラー展開すると $|z-z_1|<R_1$ で

$$f(z)=f(z_1)+f'(z_1)(z-z_1)+\frac{f''(z_1)}{2!}(z-z_1)^2+\cdots+\frac{f^{(n)}(z_1)}{n!}(z-z_1)^n+\cdots$$

$|z-a|<R$ で $f^{(n)}(z)\equiv 0\ (n=0,1,2,\ldots)$ なので $f(z)\equiv 0\ (|z-z_1|<R_1)$. つぎに a,b を結ぶ曲線上 $|z-z_1|<R_1$ 内に b に近い方に z_2 をとり, 同様にして $f(z)\equiv 0\ (|z-z_2|<R_2)$. 上の操作をつづけると $f(z)\equiv 0\ (|z-z_n|<R_n)$ で b が $|z-z_n|<R_n$ の中に含まれるようにできますので $f(b)=0$ となり, b は D 内の任意の点ですから D において $f(z)\equiv 0$ となります.

一般に関数 $f(z)$ が D の点 a で 0 となるとき, すなわち $f(a)=0$ のとき a を $f(z)$ の零点といいます.

$f(z)$ を領域 D で定数でない正則関数, $a\in D$ を $f(z)$ の零点とする. このとき $f(z)=(z-a)^k g(z)$, ($g(z)$ は $g(a)\neq 0$, $|z-a|<R=dist(a,\partial D)$ で正則) となる自然数 k と関数 $g(z)$ が存在します.

なぜなら, $f^{(n)}(a)=0\quad(n=0,1,2,\ldots)$ ならば $f(z)\equiv 0$ となり仮定に矛盾しますので $f^{(k)}(a)\neq 0$ なる最小の自然数 k が存在します. すなわち $f(a)=\cdots=f^{(k-1)}(a)=0,\quad f^{(k)}(a)\neq 0$. すると

$$\begin{aligned}f(z)&=\frac{f^{(k)}(a)}{k!}(z-a)^k+\frac{f^{(k+1)}(a)}{(k+1)!}(z-a)^{k+1}+\cdots\\&=(z-a)^k\Big(\frac{f^{(k)}(a)}{k!}+\frac{f^{(k+1)}(a)}{(k+1)!}(z-a)+\cdots\Big)\end{aligned}$$

$g(z)=\dfrac{f^{(k)}(a)}{k!}+\dfrac{f^{(k+1)}(a)}{(k+1)!}(z-a)+\cdots$ とおくと $g(z)$ は $|z-a|<R$ で正則で $g(a)=\dfrac{f^{(k)}(a)}{k!}\neq 0$ となり結論を得ます.

$f(z)=(z-a)^k g(z)\quad$ (k は自然数, $g(a)\neq 0$) となる k を $f(z)$ の零点 a の位数 (order) といいます. $f(z)$ の零点 a の重複度が k ということです.

「$f(z)$ が領域 D で正則で D の内点 a に収束する無限点列 $\{z_n\}$,$z_n\neq a$ が存在して $f(z_n)=0\quad(n=1,2,\ldots)$ ならば D において $f(z)\equiv 0$」

これを背理法で示します. すなわち, $f(z)$ は定数関数 0 でないとして矛盾を導きます.

$f(z)$ は a で連続なので $f(a) = \lim_{n \to \infty} f(z_n) = 0$. よって a は $f(z)$ の零点です. したがつて前に述べたように $f(z) = (z-a)^k g(z)$ $(g(z)$ は正則で $g(a) \neq 0)$ と書けます. $f(z_n) = (z_n - a)^k g(z_n) = 0$. $z_n \neq a$ なので $g(z_n) = 0$. $g(z)$ は a で正則, したがって連続なので $g(a) = \lim_{n \to \infty} g(z_n) = 0$. これは $g(a) \neq 0$ に反します.
上の定理で点列 $\{z_n\}$ が D の内点 a に収束することが重要です.
例えば $f(z) = \sin \dfrac{1}{z}$ は $z = 0$ 以外で正則で $z_n = \dfrac{1}{n\pi}$ とおけば $z_n \to 0$ $(n \to \infty)$ で $f(z_n) = 0$. しかし $f(z) \equiv 0$ ではありません. 0 は領域 $\mathbb{C} - \{0\}$ の内点ではなく境界点になっているからです.
「$f(z), g(z)$ が領域 D が正則で D の内点に収束する無限点列 $\{z_n\}$ が存在して $f(z_n) = g(z_n)$ ならば D において $f(z) = g(z)$ が成り立つ.」
これは $F(z) = f(z) - g(z)$ を先の $f(z)$ として当てはめればすぐ分かることです. これを一致の定理といいます. 一致の定理の別の言い方をすれば
「$f(z), g(z)$ が領域 (連結開集合)D で正則で D のある空でない開集合上で $f(z) = g(z)$ ならば D 全体で $f(z) = g(z)$ が成り立つ」
と言ってもよいです. 一致の定理はこの形で表現されることが多いです.
「$f(z)$ が領域 D で正則で, $|f(z)|$ が D の内点 a で最大値をとれば $f(z)$ は定数.」
これは最大値の原理といわれます. このことを証明します.
いま, D の内点 a で $|f(z)|$ が最大値 M をとったとします. すなわち

$$|f(z)| \leqq M = |f(a)|$$

a と ∂D との最短距離を R とし, $0 < r < R$ なる r を任意にとり $C : |z-a| = r$ とすると $z - a = re^{i\theta}$ $(0 \leqq \theta \leqq 2\pi)$ と書けて, コーシーの積分表示より

$$f(a) = \frac{1}{2\pi i}\int_C \frac{f(z)}{z-a}dz = \frac{1}{2\pi i}\int_0^{2\pi} \frac{f(a+re^{i\theta})}{re^{i\theta}} ire^{i\theta}d\theta = \frac{1}{2\pi}\int_0^{2\pi} f(a+re^{i\theta})d\theta$$

$$M = |f(a)| \leqq \frac{1}{2\pi}\int_0^{2\pi} |f(a+re^{i\theta})|d\theta \leqq \frac{1}{2\pi}M \cdot 2\pi = M$$

$\therefore |f(a+re^{i\theta})| = M$. r は $0 < r < R$ で任意だから $|z-a| < R$ において $|f(z)| = M$. したがって $|z-a| < R$ において $f(z) =$ 定数. すると, 一致の定理より $f(z)$ は D 全体で定数となります.
つぎのシュワルツの補題 (定理) もよく使われます.

$f(z)$ が $|z|<R$ で正則で $|f(z)| \leqq M$, $f(0)=0$ ならば $|z|<R$ において

$$|f(z)| \leqq \frac{M}{R}|z|$$

さらに $0<|z_0|<R$ なる点 z_0 で等号が成り立てば

$$f(z)=\frac{M}{R}e^{i\theta}z \quad (\theta \in \mathbb{R})$$

証明をします. $f(0)=0$ に注意して $f(z)$ は $|z|<R$ で

$$f(z)=c_1z+c_2z^2+\cdots=z(c_1+c_2z+\cdots)$$

と表わされます. $\varphi(z)=c_1+c_2z+\cdots$ とおくと $\varphi(z)$ は $|z|<R$ で正則. いま $0<r<R$ なる r を任意にとると $|z|=r$ 上で $|\varphi(z)|=\left|\frac{f(z)}{z}\right| \leqq \frac{M}{r}$. 最大値の原理より $|z| \leqq r$ で $|\varphi(z)| \leqq \frac{M}{r}$. $r \to R$ とすると $|z|<R$ で $|\varphi(z)| \leqq \frac{M}{R}$ ゆえに $z \neq 0$ のときは $|f(z)| \leqq \frac{M}{R}|z|$

$z=0$ でもこの式は右辺も左辺も 0 となり成り立ちます.

定理の後半は $|f(z_0)|=\frac{M}{R}|z_0|$. $|\varphi(z_0)|=\left|\frac{f(z_0)}{z_0}\right|=\frac{M}{R}$. $|\varphi(z)|$ は内点 z_0 で最大値 $\frac{M}{R}$ をとるから $\varphi(z)$ は定数で, この定数の絶対値は $\frac{M}{R}$ だから, ある $\theta \in R$ が存在して $\varphi(z)=\frac{M}{R}e^{i\theta}$. ゆえに $f(z)=\frac{M}{R}e^{i\theta}z$

特に, $f(z)$ が $|z|<1$ で正則で $f(0)=0$, $|f(z)|<1$ ならば

$$|f(z)| \leqq |z|, \qquad |f'(0)| \leqq 1$$

が示せます. なぜなら $R=M=1$ として前半は明らかですし, 後半は

$$|f'(0)|=\left|\lim_{z\to 0}\frac{f(z)-f(0)}{z-0}\right|=\lim_{z\to 0}\frac{|f(z)|}{|z|} \leqq 1$$

と分かります.

7.6 有理型関数

関数 $f(z)$ が a で正則なときは $f(z)$ は a 中心のべき級数 $f(z)=\sum_{n=0}^{\infty} c_n(z-a)^n$ にテイラー展開できるのでしたが a で正則でなくて, a 以外では正則なときは $f(z)$ は

$$f(z)=\cdots+\frac{c_{-1}}{z-a}+c_0+c_1(z-a)+\cdots=\sum_{n=-\infty}^{\infty} c_n(z-a)^n$$

のように負べきを含む級数 (ローラン級数という) で表わされます. (ローラン展開できる) このとき負べきの項をローラン展開の主要部といいます. すなわち
$f(z)$ が円環領域 $D: 0 \leqq R_2<|z-a|<R_1$ で正則ならば $f(z)$ は D で a を中心とするローラン級数

$$f(z)=\sum_{n=-\infty}^{\infty} c_n(z-a)^n$$

で表わされます. ここで

$$c_n=\frac{1}{2\pi i}\int_C \frac{f(\zeta)}{(\zeta-a)^{n+1}}d\zeta \quad (n=0,\pm 1,\pm 2,\ldots)$$

C は D 内の正の向きの任意の単純閉曲線とします.
これを証明します. $R_2<|z-a|<R_1$ なる z に対して $r_2<|z-a|<r_1$ なるように $0 \leqq R_2<r_2<r<r_1<R_1$ なる r_2, r, r_1 をとります. するとコーシーの積分表示式より

$$f(z)=\frac{1}{2\pi i}\int_{|\zeta-a|=r_1}\frac{f(\zeta)}{\zeta-z}d\zeta-\frac{1}{2\pi i}\int_{|\zeta-a|=r_2}\frac{f(\zeta)}{\zeta-z}d\zeta$$

と表わせます. 第 1 項は $\left|\frac{z-a}{\zeta-a}\right|<1$ より先のテイラー展開のときと同じようにして $\sum_{n=0}^{\infty} c_n(z-a)^n$ ただし $c_n=\frac{1}{2\pi i}\int_{|\zeta-a|=r_1}\frac{f(\zeta)}{(\zeta-a)^{n+1}}d\zeta$ $(n=0,1,2,\ldots)$.
第 2 項は $\left|\frac{\zeta-a}{z-a}\right|<1$ なので

$$\frac{1}{\zeta-z}=-\frac{1}{z-a-(\zeta-a)}=-\frac{1}{z-a}\cdot\frac{1}{1-\frac{\zeta-a}{z-a}}=-\sum_{m=0}^{\infty}\frac{(\zeta-a)^m}{(z-a)^{m+1}}$$

これを代入して第 2 項は

$$\int_{|\zeta-a|=r_2} \frac{1}{2\pi i} \sum_{m=0}^{\infty} \frac{f(\zeta)(\zeta-a)^m}{(z-a)^{m+1}} d\zeta$$

$$= \sum_{m=0}^{\infty} \Big(\frac{1}{2\pi i} \int_{|\zeta-a|=r_2} f(\zeta)(\zeta-a)^m d\zeta \Big) (z-a)^{-(m+1)}$$

いま $-(m+1)=n$ とおくと $m=0,1,2,\ldots$ は $n=-1,-2,-3,\ldots$ となり

第 2 項 $= \displaystyle\sum_{n=-1}^{-\infty} (\frac{1}{2\pi i} \int_{|\zeta-a|=r_2} f(\zeta)(\zeta-a)^{-(n+1)} d\zeta)(z-a)^n$

ここで $f(z)$ は円環 $R_2<|z-a|<R_1$ で正則なので $|\zeta-a|=r_1$, $|\zeta-a|=r_2$ 上の積分は $|\zeta-a|=r$ 上の積分すなわち円環内の任意の単純閉曲線 C 上の積分と同じになり

$$c_n = \frac{1}{2\pi i} \int_C \frac{f(\zeta)}{(\zeta-a)^{n+1}} d\zeta \quad (n=0,\pm 1,\pm 2,\ldots)$$

とおいて

$$f(z) = \sum_{n=-\infty}^{\infty} c_n (z-a)^n \quad (R_2<|z-a|<R_1)$$

と表わされることになります.

関数 $f(z)$ が点 a で正則でなく, a の近傍に正則となる点が存在するとき a を $f(z)$ の特異点といいます. 特に $0<|z-a|<r$ で $f(z)$ が正則な $r>0$ が存在するとき, すなわち a の近傍で a を除けば正則のとき a を $f(z)$ の孤立特異点 (isolated singularity) といいます. $f(z)$ の孤立特異点 a を $f(z)$ の a 中心のローラン展開の負べき (ローラン展開の主要部) の項数で次のように分類します.

(i) 主要部がないとき, すなわち

$$f(z) = \sum_{n=0}^{\infty} c_n (z-a)^n$$

のとき a を $f(z)$ の除去可能特異点 (removable singularity) という.

(ii) 主要部の項が有限個, すなわち

$$f(z) = \frac{c_{-k}}{(z-a)^k} + \cdots + \frac{c_{-1}}{z-a} + c_0 + c_1(z-a) + \cdots \quad (c_{-k} \neq 0)$$

のとき a を $f(z)$ の位数 k (k 位) の極 (pole) という.
(iii) 主要部が無限級数のとき, すなわち

$$f(z) = \sum_{n=-\infty}^{\infty} c_n(z-a)^n$$

のとき a を $f(z)$ の真性特異点 (essential singularity) という.
$f(z)$ の孤立特異点 a がそれぞれの特異点になるための必要十分条件はつぎの (1),(2),(3) です.
(1)　a が $f(z)$ の除去可能特異点 $\Leftrightarrow \lim_{z\to a} f(z)$ が存在する
(2)　a が $f(z)$ の極 $\Leftrightarrow \lim_{z\to a} f(z) = \infty$
(3)　a が $f(z)$ の真性特異点 $\Leftrightarrow \lim_{z\to a} f(z)$ は定まらない
(1) の $\Leftarrow$ はリーマンの除去可能定理. (3) の $\Rightarrow$ はワイエルストラスの定理です.
リーマンの除去可能定理とは「$f(z)$ が $0<|z-a|<R$ で正則で有界ならば $z=a$ は $f(z)$ の除去可能特異点」
この証明は $0<r<R$ として $f(z) = \sum_{n=-\infty}^{\infty} c_n(z-a)^n \quad (0<|z-a|<R)$ で

$$\begin{aligned} |c_{-n}| &= \left|\frac{1}{2\pi i}\int_{|\zeta-a|=r} f(\zeta)(\zeta-a)^{n-1}d\zeta\right| \\ &\leqq \frac{1}{2\pi}\cdot M\cdot r^{n-1}\cdot 2\pi r \\ &= Mr^n \to 0 \quad (r\to 0) \quad (n\geqq 1) \end{aligned}$$

ここで, $f(z)$ が $0<|z-a|<R$ で有界なので $|f(\zeta)|\leqq M$ を使いました. $\therefore c_{-n}=0$ $(n\geqq 1)$ $\therefore f(z) = \sum_{n=0}^{\infty} c_n(z-a)^n$ となり示せました.
ワイエルストラスの定理とは「$f(z)$ が $0<|z-a|<R$ で正則で $z=a$ は $f(z)$ の真性特異点ならば任意の値 α(∞ も含めて) に対して a に収束する点列 $\{z_n\}$ を適当にとると $\lim_{n\to\infty} f(z_n)=\alpha$ とできる.」というものです. 背理法による証明を省きます.
$f(z)$ が領域 D で極を除いて正則であるとき D で有理型といいます. 上記ワイエルストラスの定理を精密化して
「$f(z)$ が $0<|z-a|<R$ で有理型ならば, たかだか 2 つの値 (∞ も含める) を除いて $f(z)$ はすべての値を a の近傍で無限回とる.」ことが知られています. これはピカールの大定理といわれ, 除外値 ($f(z)$ がとらない値) の 2 の意味が他のこと (オイラー

数) と結び付くことも分っています.

例えば $f(z)=e^{\frac{1}{z}}$ は $z=0$ が $f(z)$ の真性特異点で除外値が 0 と ∞ です. このピカールの定理からいわゆる値分布論がネバンリンナによって始められ, 第一主要定理, 第二主要定理などのネバンリンナ理論ができあがりました. この理論の多変数版も考えられ, いろいろと結果が得られています.

a が $f(z)$ の k 位の極であるための必要十分条件は

$$f(z)=\frac{1}{(z-a)^k}g(z) \quad (g(z) \text{ は } a \text{ で正則}, g(a)\neq 0, k \text{ は自然数})$$

と表わされることです. これは $f(z)$ の a 中心のローラン展開を考えれば分かりますが結果だけにとどめます.

$f(z)$ が $0<|z-a|<r$ で正則のとき, $0<\rho<r$ なる ρ を任意にとり

$$\frac{1}{2\pi i}\int_{|z-a|=\rho} f(z)dz$$

を a における $f(z)$ の留数 (residue) といい, $Res(f,a)$ と書きます. 簡単に $R(a)$ とも書きます.

$f(z)=(z-a)^n \quad n\in\mathbb{Z}$ の a における留数 $R(a)$ は

$$R(a)=\frac{1}{2\pi i}\int_{|z-a|=\rho}(z-a)^n dz=\begin{cases} 1 & (n=-1) \\ 0 & (n\neq -1) \end{cases}$$

これは前に述べた円周積分から分かります.

$f(z)$ が $0<|z-a|<r$ で正則のとき, $f(z)$ の a における留数 $R(a)$ は a 中心のローラン展開の $\dfrac{1}{z-a}$ の係数 c_{-1} となります. なぜなら

$$\begin{aligned} R(a) &= \frac{1}{2\pi i}\int_{|z-a|=\rho} f(z)dz \\ &= \frac{1}{2\pi i}\int_{|z-a|=\rho}\sum_{n=-\infty}^{\infty} c_n(z-a)^n dz \\ &= \sum_{n=-\infty}^{\infty} c_n\{\frac{1}{2\pi i}\int_{|z-a|=\rho}(z-a)^n dz\} = c_{-1} \end{aligned}$$

$f(z)$ が a で正則 (a が $f(z)$ の除去可能特異点のときも含めて) ならば $R(a)=0$ であることに注意します.

$f(z) = z^3 e^{\frac{1}{z}}$ の 0 における留数 $R(0)$ は

$$z^3 e^{\frac{1}{z}} = z^3(1 + \frac{1}{z} + \frac{1}{2!}\frac{1}{z^2} + \frac{1}{3!}\frac{1}{z^3} + \frac{1}{4!}\frac{1}{z^4} + \cdots)$$

より $\dfrac{1}{z}$ の係数は $\dfrac{1}{4!} = \dfrac{1}{24}$ なので $R(0) = \dfrac{1}{24}$ となります.
$f(z)$ が $z = a$ で k 位の極をもつとき a における留数 $R(a)$ は

$$R(a) = \frac{1}{(k-1)!}\lim_{z \to a}\frac{d^{k-1}}{dz^{k-1}}\{(z-a)^k f(z)\}$$

で与えられます. 証明は省略します.

ここで特に応用上重要な留数の定理を述べます.

「D を単純閉曲線 C で囲まれた領域とする. 関数 $f(z)$ は D 内の有限個の点 $a_1, \ldots, a_n$ を除いて D および C 上で正則とする. このとき

$$\int_C f(z)dz = 2\pi i \sum_{j=1}^{n} R(a_j)$$

が成り立つ.」

なぜなら, 各 $a_j (j = 1, 2, \ldots, n)$ を中心に十分小さい円を互いに他を含まず, また交わらないように D 内にとれば

$$R(a_j) = \frac{1}{2\pi i}\int_{|z-a_j|=r_j} f(z)dz$$

に注意して

$$\int_C f(z)dz = \sum_{j=1}^{n}\int_{|z-a_j|=r_j} f(z)dz = \sum_{j=1}^{n} 2\pi i R(a_j) = 2\pi i \sum_{j=1}^{n} R(a_j)$$

領域 D において極以外の特異点をもたない 1 価正則関数を D において有理型 (meromorphic) というのでした.

D を単純閉曲線 C で囲まれた領域とし, $f(z)$ は D で有理型, C 上では正則で零点がないとします. このとき

$$\frac{1}{2\pi i}\int_C \frac{f'(z)}{f(z)}dz = N_0 - N_\infty$$

が成り立ちます. ここで N_0 は $f(z)$ の D 内の零点の個数, N_∞ は $f(z)$ の D 内の極の個数を表わすとします. 特に $f(z)$ が D で正則ならば

$$\frac{1}{2\pi i}\int_C \frac{f'(z)}{f(z)}dz = N_0$$

となります. 上記を個数定理ということがあります. 証明は述べません.
$\dfrac{1}{2\pi i}\displaystyle\int_C \frac{f'(z)}{f(z)}dz$ は実数であること. $f(z)$ の D 内の零点の個数は各零点の位数の和であり, 極の個数は各極の位数の和であることに注意します. 先と同じ条件のもとで

$$\frac{1}{2\pi}\int_C d\arg f(z) = N_0 - N_\infty$$

が成り立ちます. これは偏角の原理といわれます. これを証明します.
$\dfrac{d\log f(z)}{dz} = \dfrac{f'(z)}{f(z)}$ より $d\log f(z) = \dfrac{f'(z)}{f(z)}dz$ また

$$\log f(z) = \log|f(z)| + i\arg f(z)$$

$$\therefore \quad d\log f(z) = d\log|f(z)| + i d\arg f(z)$$

したがつて

$$\frac{1}{2\pi i}\int_C \frac{f'(z)}{f(z)}dz = \frac{1}{2\pi i}\int_C d\log f(z) = \frac{1}{2\pi i}\int_C d\log|f(z)| + \frac{1}{2\pi}\int_C d\arg f(z)$$

左辺は $N_0 - N_\infty$ なので上式の実部を等置して

$$\frac{1}{2\pi}\int_C d\arg f(z) = N_0 - N_\infty$$

が得られます.
いま関数 $w = f(z)$ による z 平面上の曲線 C の w 平面上の像曲線を C' とします. すなわち $C' = f(C)$ とすると上式は

$$\frac{1}{2\pi}\int_C d\arg f(z) = \frac{1}{2\pi}\int_{C'} d\arg w = N_0 - N_\infty$$

となり C' 上の w が原点のまわりを何回廻ったかを表わしています. これが偏角の原理とよばれるゆえんです.
偏角の原理から得られるつぎのルーシェの定理はよく使われます.
「単純閉曲線 C で囲まれた領域を D とする. 関数 $f(z)$, $g(z)$ は $\overline{D} = D \cup C$ で正則とする. C 上で $|f(z)| > |g(z)|$ が成り立てば, $f(z)$ と $f(z) + g(z)$ の D 内における零点の個数は等しい. 」というものです. この証明はここではふれません. ルーシェの定理を使うとつぎの代数学の基本定理が得られます.
「複素係数の n 次方程式 $a_0 z^n + a_1 z^{n-1} + \cdots + a_n = 0$ $(a_0 \neq 0, n \geqq 1)$ は複素数の範囲に n 個の解 (根) をもつ. ただし, 重根は重複度だけ数える.」

これは $f(z)=a_0z^n$, $g(z)=a_1z^{n-1}+\cdots+a_n$ とおくと十分大きな R に対して $|z|=R$ 上 $|f(z)|>|g(z)|$ となり $f(z)$ と $f(z)+g(z)$ の $|z|<R$ 内の零点の個数は同じで f の零点は 0 が n 重根で n 個なので $f+g=a_0z^n+\cdots+a_n$ の零点の個数も同じ n となり結論を得ます.

ルーシェの定理から「D での正則関数列 $\{f_n(z)\}$ が $f(z)$ に D で広義一様収束すれば $f(z)$ も D で正則で, このとき $f_n(z)$ が零をとらなければ $f(z)$ も零をとらないか恒等的に 0 である」というフルヴィッツの定理が得られること. また「$f_n(z)$ が D で正則で 1 対 1 ならば $f(z)$ も D で 1 対 1 正則関数になる.」ことを注意しておきます.

例をあげます.

方程式 $z^7+3z+1=0$ の解 (根) は $|z|<2$ の中にすべてあり, そのうち 6 個は $1<|z|<2$ にあることがつぎのように示せます.

$f(z)=z^7$, $g(z)=3z+1$ とおきます. $|z|=2$ 上では

$$|f(z)|-|g(z)|=|z|^7-|3z+1|\geqq |z|^7-(3|z|+1)=121>0$$

より $|f(z)|>|g(z)|$ したがって $|z|<2$ では $f(z)=z^7=0$ の解 (根) は 7 個 (0 が 7 重根) なので, ルーシェの定理より $z^7+3z+1=0$ の解も $|z|<2$ 内に 7 個あります.

一方 $|z|=1$ では

$$|g(z)|-|f(z)|=|3z+1|-|z|^7\geqq 3|z|-1-|z|^7=1>0$$

より $|g(z)|>|f(z)|$. したがって, $g(z)=3z+1=0$ の解は $z=-\dfrac{1}{3}$ で $|z|<1$ 内に 1 個, ルーシェの定理より $f(z)+g(z)=z^7+3z+1=0$ の解も $|z|<1$ 内に 1 個. したがって, $1<|z|<2$ には $z^7+3z+1=0$ の解は 6 個あることになります.

偏角の原理はつぎのように一般化されることを証明ぬきで述べておきます.

「単純閉曲線 C で囲まれた領域を D とし, $f(z)$ は $\bar{D}=D\cup C$ で有理型, C 上で $f(z)\neq 0,\infty$ とする. f の D 内の零点を $a_1,\ldots,a_m$, 極を $b_1,\ldots,b_n$, $\varphi(z)$ を $\bar{D}=D\cup C$ で正則とする. このとき,

$$\frac{1}{2\pi i}\int_C \varphi(z)\frac{f'(z)}{f(z)}dz=\sum_{j=1}^{m}\varphi(a_j)-\sum_{j=1}^{n}\varphi(b_j)$$

が成り立つ.」

留数の定理を用いて積分の値を求めることができます. 例をあげます.

$$\int_{|z|=2}\frac{2z+1}{z(z-1)}dz=2\pi i(R(0)+R(1))=2\pi i(-1+3)=4\pi i$$

ここで

$$R(0)=\lim_{z\to 0} z\frac{2z+1}{z(z-1)}=-1$$

$$R(1)=\lim_{z\to 1}(z-1)\frac{2z+1}{z(z-1)}=3$$

実積分の計算も複素積分を使って求められます. 例えば

$$I=\int_0^\infty \frac{1}{x^2+1}dx$$

を複素積分を使って求めてみます. 複素関数

$$f(z)=\frac{1}{z^2+1}=\frac{1}{(z-i)(z+i)}$$

と閉曲線 $C:[-R,R]+\gamma$ を考えます. ここで $[-R,R]$ は $-R$ から R への線分, γ は原点中心, 半径 R の上半円周です. 閉曲線 C 内の $f(z)$ の特異点は i のみですので, 留数の定理より

$$\int_C \frac{1}{z^2+1}dz=2\pi iR(i)=2\pi i\cdot\frac{1}{2i}=\pi$$

ここで

$$R(i)=\lim_{z\to i}(z-i)\cdot\frac{1}{(z-i)(z+i)}=\frac{1}{2i}$$

$$\int_C \frac{1}{z^2+1}dz=\int_{-R}^R \frac{1}{x^2+1}dx+\int_\gamma \frac{1}{z^2+1}dz$$

$$\left|\int_\gamma \frac{1}{z^2+1}dz\right|\leqq\int_\gamma \frac{1}{|z|^2-1}|dz|=\frac{\pi R}{R^2-1}\to 0.\quad (R\to\infty)$$

ゆえに $R\to\infty$ とすると

$$\int_\gamma \frac{1}{z^2+1}dz\to 0$$

$$\int_{-R}^R \frac{1}{x^2+1}dx\to\int_{-\infty}^\infty \frac{1}{x^2+1}dx$$

よって

$$\int_{-\infty}^\infty \frac{1}{1+x^2}dx=\pi$$

また

$$\int_0^\infty \frac{1}{1+x^2}dx = \frac{\pi}{2}$$

も分ります．この例は実積分の計算で (微積分で)

$$\int_{-\infty}^\infty \frac{1}{1+x^2}dx = \lim_{R\to\infty}\Big[\tan^{-1}x\Big]_{-R}^{R} = \frac{\pi}{2} - (-\frac{\pi}{2}) = \pi$$

と広義積分でも分かることでしたが，実積分では値の求めにくい計算を複素積分を用いると分かることが多々あります．

一つ例をあげます．

$$I = \int_0^{2\pi} \frac{1}{5+3\cos\theta}d\theta$$

の値をつぎのようにして求めます．$z = e^{i\theta}$ とおくと $\dfrac{1}{z} = e^{-i\theta}$

$$\cos\theta = \frac{1}{2}(e^{i\theta} + e^{-i\theta}) = \frac{1}{2}(z + \frac{1}{z})$$

また $dz = ie^{i\theta}d\theta$ より

$$d\theta = \frac{1}{ie^{i\theta}}dz = \frac{1}{iz}dz$$

ゆえに

$$\begin{aligned} I &= \int_{|z|=1} \frac{1}{5+3\cdot\frac{1}{2}(z+\frac{1}{z})}\frac{1}{iz}dz \\ &= \frac{2}{i}\int_{|z|=1}\frac{1}{3z^2+10z+3}dz \\ &= \frac{2}{i}\int_{|z|=1}\frac{1}{(3z+1)(z+3)}dz \end{aligned}$$

被積分関数 $\dfrac{1}{(3z+1)(z+3)}$ は円 $|z| = 1$ 内の $z = -\dfrac{1}{3}$ に 1 位の極をもちますので留数の定理より

$$I = \frac{2}{i}\cdot 2\pi i R(-\frac{1}{3}) = \frac{2}{i}\cdot 2\pi i\cdot\frac{1}{8} = \frac{\pi}{2}$$

ここで

$$R(-\frac{1}{3}) = \lim_{z\to-\frac{1}{3}}(z+\frac{1}{3})\cdot\frac{1}{3(z+\frac{1}{3})(z+3)} = \frac{1}{8}$$

を使いました.
実は実積分の計算を統一的にできないかというところから複素積分が考えられたのです.

7.7 等角写像と1次分数変換

領域 D で定義された連続関数 $w=f(z)$ は D の点 z で接線をもつ2つの曲線 C_1, C_2 の関数 $w=f(z)$ による像曲線 $f(C_1)$,$f(C_2)$ が z の像 w で接線をもち, そのなす角が C_1,C_2 のなす角と向きをも含めて等しいとき $z\in D$ で等角といい, D の各点 z で等角のとき D で等角といいます. f は D から $G=f(D)$ への等角写像 (conformal mapping) といい, D と G は等角同値ともいいます.
関数 $w=f(z)$ が D で正則ならば $z=x+iy$, $w=u+iv$ として

$$\begin{cases} u_x = v_y \\ u_y = -v_x \end{cases}$$

$f'(z)=u_x+iv_x \quad |f'(z)|^2=u_x^2+v_x^2$ なのでヤコビアン J_f は

$$J_f = \begin{vmatrix} u_x & u_y \\ v_x & v_y \end{vmatrix} = |f'(z)|^2$$

であることに注意します. 「関数 $w=f(z)$ が点 z_0 で正則で $f'(z_0)\neq 0$ ならば z_0 において等角です.」逆に関数 $w=f(z)$ が D から G への等角写像なら f は正則関数であることが知られています. 関数 $w=f(z)$ が領域 D を領域 G に等角に写像することは, 関数 $w=f(z)$ が D で単葉 (1対1) かつ正則であって $f(D)=G$ であるといってよいことになります.
関数 $f(z)=\dfrac{az+b}{cz+d} \quad (ad-bc\neq 0)$ を1次分数関数といいます.
$f(-\dfrac{d}{c})=\infty, \quad f(\infty)=\dfrac{a}{c}$ と定めて無限遠点 ∞ も含めて複素平面全体 $\hat{\mathbb{C}}=\mathbb{C}\cup\{\infty\}$ で考えて1次 (分数) 変換とかメービウス変換ともいいます. この1次分数変換 $f(z)=\dfrac{az+b}{cz+d}$ の性質を考えます.
1次分数変換 $f(z)$ は $\mathbb{C}$ では有理型 ($-\dfrac{d}{c}$ が極) ですが, $\hat{\mathbb{C}}=\mathbb{C}\cup\{\infty\}$ では正則で $\hat{\mathbb{C}}$ を $\hat{\mathbb{C}}$ に等角に写します.
1次分数変換 $f(z)$ は円を円に写します.(直線は半径 ∞ の円と考える) これを円円対

応といいます. 1 次分数変換は

$$
\begin{aligned}
w = f(z) &= \frac{az+b}{cz+d} \\
&= \frac{a}{c} \cdot \frac{z+\frac{b}{a}}{z+\frac{d}{c}}
\end{aligned}
$$

と変形して考えればつぎの基本変換の合成であることが分かります.

(i) $w = z + \alpha$ (ii) $w = \beta z$ $(\beta \neq 0)$ (iii) $w = \dfrac{1}{z}$

(i),(ii) は円円対応ですので円円対応を示すには (iii) について考えればよいことになり円円対応が示せますが省略します.

一般に 2 点 z_1, z_2 が円 $C : |z - z_0| = \rho$ に関して鏡像の位置にあるとは $(z_1 - z_0)(\overline{z_2 - z_0}) = \rho^2$ が成り立つときにいいます.

このとき $z_1 - z_0 = re^{i\theta}$ とおくと, $z_2 - z_0 = Re^{i\theta}$ $(R = \dfrac{\rho^2}{r})$ となり, また z を C 上の任意の点とすると $z - z_0 = \rho e^{\varphi}$. これより計算して $\left|\dfrac{z-z_1}{z-z_2}\right| = \dfrac{r}{\rho}$ が得られます. すなわち円 $|z - z_0| = \rho$ 上の点 z は z_1, z_2 への距離の比が $\dfrac{r}{\rho}$ となり円 $|z - z_0| = \rho$ は z_1, z_2 との距離の比が $r : \rho$ であるような点の軌跡としてアポロニウスの円なのです.

1 次分数変換 $w = \dfrac{az+b}{cz+d}$ で z 平面の円 C が w 平面の円 γ に写れば C に関して鏡像の位置にある 2 点は $w = \dfrac{az+b}{cz+d}$ により円 γ に関して鏡像の位置にある 2 点に写ります. ただし円の中心の鏡像の位置にある点は無限遠点 ∞ とします. これを鏡像の原理といいます. 鏡像の原理を使うとつぎのことが分かります.

z 平面の円板 $|z| < 1$ を w 平面の円板 $|w| < 1$ に写し, $z = \alpha$ $(|\alpha| < 1)$ を $w = 0$ に写す 1 次変換は

$$
w = e^{i\theta} \frac{z-\alpha}{1-\bar{\alpha}z} \quad (|\alpha| < 1)
$$

証明します. $z = \alpha$ と $z = \dfrac{1}{\bar{\alpha}}$ は円 $|z| = 1$ に関して鏡像の位置にあり, $z = \alpha$ は $w = 0$ に写り, $w = 0$ と $w = \infty$ は円 $|w| = 1$ に関して鏡像の位置にあるので $z = \dfrac{1}{\bar{\alpha}}$ は $w = \infty$ に写ります. よって, 求める 1 次分数変換は

$$
w = k \frac{z-\alpha}{1-\bar{\alpha}z} \quad (k \text{ は定数})
$$

と書けます. $|z| = 1$ より $z\bar{z} = 1$. したがって

$$
|z-\alpha| = |\bar{z}-\bar{\alpha}| = |\bar{z} - z\bar{z}\bar{\alpha}| = |z||1-\bar{\alpha}z| = |1-\bar{\alpha}z|
$$

$|z|=1$ のとき $|w|=1$ なので

$$|w|=|k|\left|\frac{z-\alpha}{1-\bar{\alpha}z}\right|=|k|=1$$

ゆえに $k=e^{i\theta}$ と書けて, 結論を得ます.
z 平面の上半平面 $\{z|Im(z)>0\}$ を w 平面の上半平面 $\{w|Im(w)>0\}$ に写す 1 次変換は

$$w=\frac{az+b}{cz+d}\quad \left(a,b,c,d\in\mathbb{R},\begin{vmatrix}a & b\\ c & d\end{vmatrix}=ad-bc>0\right)$$

となります.
z 平面の上半平面 $\{z|Im(z)>0\}$ を w 平面の単位円板 $|w|<1$ に写し,
α $(Im(\alpha)>0)$ を 0 に写す 1 次分数変換は

$$w=e^{i\theta}\frac{z-\alpha}{z-\bar{\alpha}}\quad (0\leqq\theta<2\pi)$$

であることも示せます. いままで写す関数を 1 次変換としてきましたが 1 次変換とせず正則関数としても 1 次変換に限ることが分かるのです.
点 z_1,z_2,z_3,z_4 に対して

$$[z_1,z_2,z_3z_4]=\frac{z_1-z_3}{z_1-z_4}\cdot\frac{z_2-z_4}{z_2-z_3}$$

を非調和比 (複比) といいます. ただし z_1,z_2,z_3,z_4 のどれかの z が無限遠点 ∞ のときは $z\to\infty$ とした極限で考えます. 例えば $z_1=\infty$ のときは

$$[\infty,z_2,z_3,z_4]=\frac{z_2-z_4}{z_2-z_3}$$

です. 非調和比は 1 次変換 $w=\dfrac{az+b}{cz+d}$ で不変です. すなわち $w=\dfrac{az+b}{cz+d}$ で z_1,z_2,z_3,z_4 がそれぞれ w_1,w_2,w_3,w_4 に写れば

$$[w_1,w_2,w_3,w_4]=[z_1,z_2,z_3,z_4]$$

単位円板 $\Delta=\{z\in\mathbb{C}||z|<1\}$ を Δ 自身の上に 1 対 1 に写す正則写像 $w=\varphi(z)$ は $w=e^{i\theta}\dfrac{z-\alpha}{1-\bar{\alpha}z}$ $(|\alpha|<1)$ であることを前に述べましたが, このことから単位円板 Δ に非ユークリッド距離を入れることができます. つぎにそのことについて述べま

す.

まず Δ 内の区分的になめらかな曲線 C の長さ $L(C)$ を

$$L(C) = \int_C \frac{|dz|}{1-|z|^2}$$

と定義します. $|dz|$ はユークリッド計量でしたが $\dfrac{|dz|}{1-|z|^2}$ は単位円板 Δ のポアンカレ計量といわれます.

$$w = e^{i\theta}\frac{z-\alpha}{1-\bar{\alpha}z} \quad (|\alpha|<1)$$

より

$$\left|\frac{dw}{dz}\right| = \frac{1-|\alpha|^2}{|1-\bar{\alpha}z|^2}$$

また

$$1-|w|^2 = \frac{(1-|z|^2)(1-|\alpha|^2)}{|1-\bar{\alpha}z|^2}$$

したがって

$$\frac{|dz|}{1-|z|^2} = \frac{|dw|}{1-|w|^2}$$

これより

$$\int_C \frac{|dz|}{1-|z|^2} = \int_{\varphi(C)} \frac{|dw|}{1-|w|^2}$$

すなわち $L(C)=L(\varphi(C))$. 単位円板 Δ 内の任意の 2 点 $z_1, z_2 \in \Delta$ に対して

$$p(z_1,z_2) = \inf_C L(C)$$

(z_1 と z_2 を結ぶすべての区分的になめらか曲線 C についての長さ $L(C)$ の下限) を z_1 と z_2 の距離と定義するのです. これがポアンカレ距離といわれるものです.

$z_1, z_2 \in \Delta$ に対して

$$p(z_1,z_2) = \frac{1}{2}\log\frac{1+r}{1-r} = \frac{1}{2}\log[z_1,z_2,z_3,z_4], \quad r = \left|\frac{z_1-z_2}{1-\bar{z}_2 z_1}\right|$$

であることが分かります. そして z_1, z_2 を結ぶ曲線 C_0 で $L(C_0)=P(z_1,z_2)$ となるものがただ 1 つ存在し, それは単位円周 $\partial\Delta$ と直交し, z_1, z_2 を通る円周の z_1, z_2 の間の部分です. z_1, z_2 が直径上にあれば z_1, z_2 を結ぶ線分です.

上半平面 $H=\{z|Im(z)>0\}$ は 1 次変換 $w=\dfrac{z-i}{z+i}$ で単位円板 $|w|<1$ に写るので $\dfrac{|dw|}{1-|w|^2}$ を計算すると

$$\frac{|dw|}{1-|w|^2}=\frac{|dz|}{2y}\quad (z=x+iy)$$

となります. そこで, 上半平面 H 内の曲線 C の長さ $L(C)$ を

$$L(C)=\int_C \frac{|dz|}{2Im(z)}$$

と定義し, H 内の 2 点 z_1, z_2 を結ぶ曲線 C についての下限をとったものを z_1, z_2 の距離 $P_H(z_1, z_2)$ と定めると

$$P_H(z_1,z_2)=\frac{1}{2}\log\frac{1+r}{1-r},\quad r=\left|\frac{z_1-z_2}{z_1-\bar{z_2}}\right|$$

となることが分かります. また, H での直線は $w=\dfrac{z-i}{z+i}$ が等角写像で円を円に写すことから実軸上に直径をもつ円の H 内の部分, または実軸に直交する直線の H 内の部分ということになります.

「単位円板 Δ からそれ自身 Δ への任意の正則写像を $f:\Delta\to\Delta$ とすると任意の $z_1, z_2\in\Delta$ に対して $p(f(z_1), f(z_2))\leqq p(z_1, z_2)$ が成り立つ.」これはシュワルツの補題を使って示せます. すなわち単位円板 Δ からそれ自身 Δ への任意の正則写像は Δ のポアンカレ距離を縮小するということです. ピックの補題といわれます. ピックの補題の別の表現をすれば「$f(z)$ が $|z|<1$ で正則で $|f(z)|<1$ なら

$$\frac{|f'(z)|}{1-|f(z)|^2}\leqq\frac{1}{1-|z|^2}$$

が成り立つ.」ということでこれはシュワルツの補題の一般化です.

領域 D で正則な関数 f で D で単葉 (1 対 1) であれば f は D から $D'=f(D)$ への 1 対 1 等角写像になります. このとき任意の $z\in D$ で $f'(z)\neq 0$ であり, f は局所的に角を不変に保ちます. そして逆写像も存在し正則で単葉ですので f^{-1} は D' から D への等角写像を与えます. この意味で D と D' とは等角同値といいます.

与えられた領域 D を標準領域とよばれる (幾何学的に単純な領域) に 1 対 1 正則 (等角に) 写像する関数の存在とその一意性が問題ですが, D が単連結領域のときにはつぎのようになります. いわゆるリーマンによる等角写像の基本定理です.

「D が単連結領域でその境界点が 2 点以上ならば D を単位円板 Δ に 1 対 1 等角に写像する正則関数 $w = f(z)$ が存在する．またそのとき任意の点 $z_0 \in D$ で $f(z_0) = 0, \quad f'(z_0) > 0, \quad (\arg f'(z_0) = 0)$ と正規化すれば写像は一意に定まる.」
この証明にはふれません．これを一般化して単連結領域の標準領域はつぎの三つであることが知られています．
(i) リーマン球面 $|w| \leqq \infty$　(ii) 複素平面 $|w| < \infty$　(iii) 単位円板 $|w| < 1$
(ii)$|w| < \infty$ と (iii)$|w| < 1$ は同相ですが正則同型 (等角同値) ではありません．
(i)$|w| \leqq \infty$ と (ii)$|w| < \infty$ は同相でもありません．
D が境界点をもたない単連結領域なら関数 $w = z$ で $|w| \leqq \infty$ と等角同値．
D が境界点がただ 1 点 $z_0(\neq \infty)$ ならば関数 $w = \dfrac{1}{z - z_0}$ で，$z_0 = \infty$ ならば関数 $w = z$ で $|w| < \infty$ と等角同値．
D の境界点が 2 点以上の場合はリーマンの写像定理で $|w| < 1$ と等角同値です．

7.8　調和関数

先に D で定義された正則関数の実部 (虚部) は調和関数で，定義域 D が単連結ならば D での調和関数はある正則関数の実部になることを述べましたが，ある意味で単連結領域では正則関数論と調和関数論 (ポテンシャル論) は同じように扱えます．
例えば，関数 u が領域 D で調和で D の空でない開集合上で恒等的に 0 なら D 全体で恒等的に 0 です．これは調和関数 u から正則関数をつくり正則関数の一致の定理を使うと分かります．上記は調和関数の一致の定理といわれます．
$u(z)$ が $|z| < R$ で調和で $|z| \leqq R$ で連続なら

$$u(z) = u(re^{i\theta}) = \frac{1}{2\pi}\int_0^{2\pi} u(Re^{i\varphi})\frac{R^2 - r^2}{R^2 - 2Rr\cos(\varphi - \theta) + r^2}d\varphi \quad (0 \leqq r < R)$$

と表わされます．これは $u(z)$ の共役調和関数を $v(z)$ として，$f(z) = u(z) + iv(z)$ は $|z| < R$ で正則になるので正則関数の積分表示を使い，実部をとることにより得られます．上の

$$\frac{1}{2\pi}\frac{R^2 - r^2}{R^2 - 2Rr\cos(\varphi - \theta) + r^2}$$

をポアソン核といいます．特に $u(z)$ が $|z| < R$ で調和で $|z| \leqq R$ で連続ならば

$$u(0) = \frac{1}{2\pi}\int_0^{2\pi} u(Re^{i\varphi})d\varphi$$

が得られます．いわゆる調和関数の平均値の定理です．ちなみに

$$f(0) = \frac{1}{2\pi}\int_0^{2\pi} f(Re^{i\varphi})d\varphi$$

が $|z| < R$ での正則関数 $f(z)$ ($|z| \leqq R$ では連続) の平均値の定理です．
一般に $f(z)$ が領域 D で定義されているとき，D の境界点 $\zeta \in \partial D$ をとり極限 $\lim_{z\to\zeta} f(z)$ を $f(z)$ の ζ における境界値といいます．D の各境界点 $\zeta \in \partial D$ で $f(z)$ の境界値が存在すれば境界値関数 $\varphi(\zeta)$ ができます．一般に領域 D の境界 ∂D に連続関数が与えられたとき，それを境界値とする D 上の調和関数を求めることをディリクレ問題を解くといいます．D が閉円板 $|z| \leqq R$ のときは先に述べたポアソン積分表示が解ということになります．D が有限個の単純閉曲線で囲まれた領域のときはデイリクレ問題は解をもつことが知られています．
領域 D で定義された実数値（上半）連続関数 $u(z)$ が D に含まれる任意の円板 $|z-a| \leqq r$ において

$$u(a) \leqq \frac{1}{2\pi}\int_0^{2\pi} u(a + re^{i\theta})d\theta$$

をみたすとき劣調和関数といいます．C^2 級実数値関数 $u(z) = u(x, y), z = x + iy$ が劣調和関数であるための必要十分条件は $\Delta u \geqq 0$ です．複素関数 $f(z)$ が D で正則で恒等的に 0 でないなら $\log|f(z)|, \quad |f(z)|^p \quad (0 < p < \infty)$ は劣調和です．この劣調和関数は多変数では多重劣調和関数に一般化され重要な概念であることを注意しておきます．

7.9 解析接続

つぎに解析接続について述べます．一般に領域 D で正則な関数が与えられたとき，D を真部分集合として含む領域 $\tilde{D}$ と $\tilde{D}$ での正則関数 $\tilde{f}$ が存在して D では $\tilde{f}(z) = f(z)$ となるとき，$\tilde{f}(z)$ を $f(z)$ の D から $\tilde{D}$ への解析接続とか解析的延長といいます．

例えば, $f_1(z)$ は D_1 で正則, f_2 は D_2 で正則とし $D_1 \cap D_2$ では $f_1(z) = f_2(z)$ のとき, $D_1 \cup D_2$ での関数 $f(z)$ を

$$f(z) = \begin{cases} f_1(z) & (z \in D_1) \\ f_2(z) & (z \in D_2) \end{cases}$$

とおけば $f(z)$ は $f_1(z)$ の D_1 から $D_1 \cup D_2$ への解析接続ですし, $f(z)$ は $f_2(z)$ の D_2 から $D_1 \cup D_2$ への解析接続です.
「D で定義された $f(z)$ の解析接続は存在すればただ 1 つ.」
なぜなら $f(z)$ の D から $\tilde{D}$ への解析接続を $F_1(z), F_2(z)$ とすると D では $F_1(z) = f(z), \quad F_2(z) = f(z)$ なので D で $F_1(z) = F_2(z)$. 一致の定理より $\tilde{D}$ で $F_1(z) = F_2(z)$ となるからです.
複素平面 $\mathbb{C}^1$ の任意の領域 D には D で正則で D から解析接続できない関数 $f(z)$ が存在することが分かっています.(ワイエルストラスの定理.) この $f(z)$ に対して D の境界 ∂D をこの f の自然境界, D を f の存在領域といいます.
D が円板 $|z| < 1$ のときは, この f を具体的につくることができて, 例えば $f(z) = \sum_{n=0}^{\infty} z^{n!}$ です. 円板 $|z| < 1$ でなくても, どんな領域 D でも D を存在領域とする関数が存在することが重要です.
一般に, 領域 D で正則で D より広い領域 (D を真部分集合として含む領域) に解析接続できない正則関数が存在するような領域 D は正則領域といわれます. すると,
「$\mathbb{C}^1$ ではすべての領域が正則領域である.」というのがワイエルストラスの定理です.
いままで多変数複素関数についてはふれませんでしたが, $\mathbb{C}^n (n \geqq 2)$ ではどうでしょうか. すなわち $\mathbb{C}^n (n \geqq 2)$ のすべての領域は正則領域でしょうか. 答えは, 必ずしも正則領域ではありません. この反例は 1906 年ハルトークスによって示されました. それではどんな領域が正則領域であるかという問題が起こります. この 1 変数と多変数との違いから多変数関数論の研究が始まったといえます. $\mathbb{C}^n (n \geqq 2)$ の領域が正則領域になるための必要十分条件を求めることを考えます. レビにより擬凸性 (pseudo convex)(境界の局所的条件) が必要条件であることが示されました. この擬凸性が十分条件でもあるのか (レビの問題という) が問題でしたが,1953 年岡により肯定的に解決されました. すなわち擬凸領域であることが正則領域であるための必要十分条件です. $\mathbb{C}^n$ の正則領域の概念を複素多様体に一般化したのがスタイン多様体といわれるものです.

参考文献

[1] 青木利夫　他： 演習・複素関数論,　培風館
[2] 池辺信範　他： 微分積分学概説,　培風館
[3] 江口正晃　他： 基礎微分積分学,　学術図書出版社
[4] 大島　勝： 群論,　共立出版
[5] 笠原乾吉： 複素解析,　実教出版
[6] 小林昭七： なっとくするオイラーとフェルマー,　講談社
[7] 小林昭七： 微分積分読本,　裳華房
[8] 阪井　章： 理工系の線形代数入門,　共立出版
[9] 佐武一郎： 行列と行列式,　裳華房
[10] 高木貞治： 解析概論,　岩波書店
[11] 高木貞治： 初等整数論講義,　共立出版
[12] 辻　正次： 函数論　上巻,　函数論　下巻,　朝倉書店
[13] 鶴見和之　他： 代数および幾何,　宝文館出版
[14] 樋口禎一　他： 教養の数学,　森北出版
[15] 樋口禎一　他： 現代複素関数通論,　培風館
[16] 松坂和夫： 集合・位相入門,　岩波書店
[17] 松坂和夫： 代数系入門,　岩波書店
[18] 松島与三： 多様体入門,　裳華房

索引

アーベル群, 49
値, 6, 94
値分布論, 181
アポロニウスの円, 188
アルキメデスの公理, 36

位相, 24
位相空間, 24
位相群, 34
位相的性質, 30
位相同型, 25
位相の強弱, 26
1 次従属, 71
1 次独立, 71
1 次分数変換, 187
1 次変換, 74, 187
一様収束, 168
一様連続, 124
1 階線形微分方程式, 138
一致の定理, 176
1 点コンパクト化, 32
一般 1 次線形群, 52
一般解, 136
一般項, 89
一般二項定理, 108
一般連続体問題, 17
イデアル, 54
ϵ-N 論法, 89, 165
ϵ 近傍, 22
ϵ-δ 論法, 94
陰関数, 129
陰関数の定理, 129

ウリゾーンの補題, 29

n 乗根, 149
n 次導関数,104
エラトステネスのふるい, 43
エルミート行列, 81
エルミート形式, 83
エルミート内積, 73, 82
円円対応, 187
円環領域, 177
円周積分, 158

岡, 194
オイラー積, 44
オイラーの公式, 147

開集合, 23, 24
開集合族, 24
解析接続, 193
解析的, 107
回転, 75
外点, 23
開被覆, 29
開部分多様体, 34
ガウス平面, 146
下界, 18
可換環, 53
可換群, 49
可逆元, 53
核, 52, 76
拡張, 9
各点収束, 168
加群, 55
下限, 18
可算集合, 12
可算濃度, 12
可微分多様体, 34
加法群, 49
カルダノの解法, 165
環, 53
関数, 6
関数項級数, 168
関数列, 168
関数論, 145
カントールの方法, 36
完備, 22
ガンマー関数, 120
簡約律, 15

擬距離, 20
奇置換, 60
基底, 72
擬凸, 194
基本解, 140
基本ベクトル, 73
逆関数の定理, 129
逆行列, 59
逆三角関数, 151
逆写像, 8
逆像, 8
求積法, 136
境界, 23
境界値, 193
境界点, 23
鏡像の位置, 188
鏡像の原理, 188
共通部分, 4

共役調和関数, 192
共役複素数, 146
行ベクトル, 56
行列, 56
行列式, 59
行列式の展開, 63
行列の階数, 75
極, 180
極形式, 147
極限 (値), 88, 164
極限関数, 167
極座標, 145, 147
極小元, 18
極小値, 103
局所コンパクト, 31
局所座標, 34
局所的, 155
曲線の凹凸, 104
極大イデアル, 55
極大元, 18
極大値, 103
極値, 103
曲面積, 135
虚数, 39, 145
虚数単位, 39, 145
虚部, 146
距離, 18, 19, 20
距離空間, 20
距離同値, 21

空集合, 4
偶置換, 60
区分的になめらかな曲線, 156
グラフ, 7
グラム・シュミットの直交化, 76
クラメールの公式, 67
グリーンの定理, 159
グルサの定理, 163
クロネッカーデルタ, 57
群, 49

計量ベクトル空間, 73
ケーリー・ハミルトンの定理, 69
原始関数, 111, 158

広義一様収束, 168
広義積分, 119
合成写像, 7
合成数, 40
交代級数, 92
合同, 45
合同式, 45
恒等写像, 7
合同類, 45
公倍数, 40
項別積分可能, 171
項別微分可能, 171
公約数, 40
コーシー・アダマールの定理, 109
コーシーの積分定理, 159
コーシーの積分表示式（公式）, 161
コーシーの判定条件, 167
コーシーの評価式, 163
コーシーの平均値の定理, 102
コーシー判定法, 91, 92
コーシー・リーマンの方程式 (関係式), 154
コーシー列, 22, 89, 166
ゴールドバッハの予想, 44
互換, 60
弧状連結, 33
個数定理, 183
固有多項式, 69
固有値, 68
固有ベクトル, 68
固有方程式, 69
孤立特異点, 179
コンパクト, 29

最小元, 17
最小公倍数, 40
最大元, 17
最大公約数, 40
最大値の原理, 176
差集合, 4
座標近傍系, 34
サラスの方法, 60
三角関数の加法定理, 147
三角不等式, 82

C^{∞} 級, 105
C^{n} 級, 104
次元, 75
指数, 50
指数法則, 148
自然境界, 194
自然数, 3, 35
自然な写像, 11
実数, 3, 36, 145
実数の完備性, 36
実数の連続性公理, 96
実対称行列, 79
実部, 146
自明な解, 68
自明な距離, 21
写像, 6
周期関数, 150

集合, 3
集積点, 23
収束, 89
収束域, 170
収束円, 170
収束半径, 108, 170
シュワルツの不等式, 19, 74, 82
シュワルツの補題 (定理), 176
巡回群, 50
循環小数, 36
純虚数, 39, 145
順序, 17
順序集合, 17
順序対, 4
準同型, 51, 54
準同型定理, 52
上界, 18
商環, 54
小行列, 75
商群, 50
上限, 18
条件収束, 93
商集合, 10
定数変化法, 139, 143
剰余環, 54
剰余類, 50
剰余類群, 50
除去可能特異点, 179
触点, 23
除法の定理, 40
シローの定理, 50
真性特異点, 180
心臓形, 148
真部分集合, 3

数列, 89
スカラー, 56
スタイン多様体, 194

整域, 53
整関数, 164
正規空間, 28, 29
正規直交基, 76
正規部分群, 50
制限, 9
正項級数, 91
整数, 3, 35
整数論の基本定理, 42
生成されるイデアル, 54
生成する, 73
正則, 152
正則関数の平均値の定理, 193
正則行列, 59
正則空間, 28
正則領域, 194
成分, 56
積分可能, 116, 130, 157
積分順序の変更, 132
積分する, 111
積分定数, 111
積分の平均値の定理, 117
正則関数, 153
ゼーター関数, 93
絶対収束, 91
絶対値, 146
接平面, 127
零因子, 53
零行列, 57
零点, 174
零点の位数, 175
漸化式, 113
線形空間, 72
線形写像, 74
線形微分方程式, 138
全射, 7
全順序, 17
全体集合, 4
全単射, 7
全微分可能, 127
全有界, 31

素イデアル, 55
素因数分解, 42
像, 8, 52, 75
像曲線, 187
相似, 77
相対位相, 26
添字, 5
添字集合, 5
素数, 18, 40
素数定理, 43
存在領域, 194

体, 53
大域的, 155
対角化可能, 78
対角行列, 57, 77
対角線論法, 13
対称群, 51
対称変換, 74
代数学の基本定理, 164
代数関数, 149
代数系, 49
代数的解法, 165
代数的数, 12
代数的整数, 13

代数方程式, 146
対等, 11
多価関数, 151
多重劣調和関数, 192
多様体, 33
ダ・ランベールの定理, 92, 108
単位円板, 192
単位行列,57
単位群, 50
単位元, 49
単一積分, 131
単射, 7
単純群, 50
単純閉曲線, 159
単調増加（減少）, 90
単葉, 187, 191
単連結, 155
単連結領域, 160

値域, 6
チイツェの拡張定理, 29
置換, 51, 59
置換群, 51
置換積分, 112
チコノフの定理, 31
中間値の定理, 96
中心化群, 52
超越関数, 149
重複度, 175
調和関数, 126, 155, 192
調和関数の一致の定理, 192
調和関数の平均値の定理, 193
調和級数, 93
直径, 22
直交行列, 77
直交する, 76
直交変換, 76
直積, 4

定義域, 6
定義関数, 16
定積分, 116
テイラーの定理, 105
ディリクレ問題, 193
デデキントの方法, 36
転置行列, 56
テイラー展開, 106, 173
点列コンパクト, 31
展開, 64

等角, 187
等角写像, 187
等角写像の基本定理, 191
等角同値, 187, 191
導関数, 98
同型, 51
同型写像, 51
同型定理, 52
同次微分方程式, 141
同次連立 1 次方程式, 67
同相, 25
同相写像, 25
同値関係, 10
同値律, 10
同値類, 10
特異解, 136
特殊 1 次変換群, 52
特殊解, 136, 141
特性方程式, 140
ド・モルガンの法則, 5

内積, 73
内点, 23
内部, 23
なめらかな曲線, 156

2 階線形同次微分方程式, 140
2 階線形微分方程式, 139, 141
2 項係数, 108
2 次形式, 79
2 次形式の標準形, 81
二重積分, 121, 131
2 変数関数の平均値の定理, 126

濃度, 11
ノルム, 73

倍数, 40
ハウスドルフ空間, 28
ハウスドルフの分離公理, 28
掃き出し法, 84
はさみうちの原理, 91
発散, 89
ハルトークス, 193

ピカールの大定理, 180
非自明解, 68
微積分学の基本定理, 110, 119
被積分関数, 111
非調和比, 189
ピックの補題, 191
非同次線形微分方程式, 141
微分可能, 97
微分係数, 97
微分する, 98
微分方程式, 136

微分方程式の階数, 136
非ユークリッド距離, 189
標準内積, 73
標準領域, 192

フェラリーの解法, 165
フェルマーの小定理, 47
フェルマー数, 44
フェルマー素数, 44
複素 (線) 積分, 157
複素関数, 149
複素行列, 81
複素数, 3, 38, 145
複素多様体, 34, 194
複素内積空間, 82
複素微分可能, 152
複素平面, 146, 192
双子素数, 44
不定積分, 111
部分位相空間, 26
部分環, 54
部分群, 49
部分集合, 3
部分順序, 18
部分積分, 112
部分和, 166
フルヴィッツの定理, 184

ペアノの公理, 35
閉集合, 23, 25
閉包, 23
ベーター関数, 120
べき級数, 108, 169
べき集合, 4
べき乗, 37
ベクトル, 56
ベクトル空間, 72
ベルンシュタインの定理, 11
偏角, 146
偏角の原理, 183
偏角の主値, 146
変曲点, 104
変数分離形, 136
偏導関数, 125
偏微分可能, 124
偏微分係数, 124
偏微分する, 125
偏微分方程式, 136

包含写像, 27
法線, 127
補集合, 4
補助方程式, 138, 141

ポワソン核, 193
ポアンカレ距離, 190
ポアンカレ計量, 190

マクローリン展開, 107

密着位相空間, 25

無限遠点, 187
無理数, 36
無限多価関数, 151

メービウス変換, 187
メルセンヌ数, 44
メルセンヌ素数, 44

モレラの定理, 163

約数, 40
ヤコビアン, 134

有界集合, 22
ユークリッド距離, 20
ユークリッド計量, 190
ユークリッドの互除法, 40
誘導された位相, 27
有理型, 180
有理数, 3, 35
有理数の稠密性, 36
ユニタリー行列, 82

余因子, 63
余因子行列, 64
陽関数, 129

ライプニッツの定理, 93, 167
ラグランジュの定理, 50, 130
ラグランジュの平均値の定理, 102
ラプラシアン, 126, 155
ランダウの記号, 98

リー群, 34
リーマン球面, 192
リーマン多様体, 34
リーマンの写像定理, 192
リーマンの除去可能定理, 180
リーマンのゼーター関数, 43
リーマン面, 150
リーマン予想, 44
離散位相空間, 25
留数, 181
留数の定理, 182

リュービルの定理, 164, 174
領域, 148

累次積分, 132
ルーシェの定理, 164, 183

劣調和関数, 193
列ベクトル, 56
レビの問題, 194
連結, 32
連結成分, 33
連鎖律, 99
連続, 25, 95, 123, 149
連続体仮説, 14
連続濃度, 12
連立 1 次方程式, 58, 84

ローラン級数, 178
ローラン展開, 178
ローラン展開の主要部, 179
ロピタルの定理, 102
ロルの定理, 101
ロンスキアン, 140
論理記号, 5

ワイエルストラスの定理, 180, 194
ワイエルストラスの判定法, 169
級数の和, 91
和集合, 4

著者略歴

金丸　忠義（かねまる　ただよし）

1962 年　東京教育大学理学部数学科卒業
1964 年　東京教育大学大学院理学研究科修士課程修了
1967 年　東京教育大学大学院理学研究科博士課程単位取得退学
1967 年　熊本大学教育学部講師
1969 年　熊本大学教育学部助教授
1984 年　熊本大学教育学部教授
1987 年度　文部省在外研究員（ピッツバーグ大学）
現在　熊本大学名誉教授　理学博士
　　　日本数学会会員
　　　日本数学教育学会名誉会員

教師のための 大学の基礎数学

2015 年 1 月 15 日　第 1 版第 1 刷発行

著　者　　金丸　忠義

発行者　　早川　偉久
発行所　　開成出版株式会社
　　　　　〒101-0052　東京都千代田区神田小川町 3 丁目 26 番 14 号
　　　　　TEL.03-5217-0155　FAX.03-5217-0156

ISBN978-4-87603-491-8 C3041